高等职业教育教材

水环境质量自动监测

周旭东 刘竟成 罗 俊 主编

李其林 许 广 副主编

化学工业出版社

·北京·

内容简介

本书以项目、任务的方式组织内容。全书共分七个项目，介绍了水环境自动监测站点及相关配套单元组成和功能，高锰酸盐指数、氨氮、总氮、总磷等9大常规监测项目原理和仪器的使用维护方法介绍，重金属铅、镉、铜、锌、砷、汞、硒、铬等监测原理和仪器的使用维护方法介绍，特征污染物质叶绿素、生物毒性、挥发性有机物（VOCs）监测原理和仪器的使用维护方法介绍，以及质量控制、水质评价方法介绍。本书每个项目均配有微视频、演示文稿等数字化教学资源，可以扫描二维码进行查看。

本书为高职高专、职教本科的环境保护类、水利大类、化工技术类及相关专业的水环境自动监测的教学用书，也适用于中等职业教育或作为岗位培训教材，还可供从事水污染源自动监测系统相关工作或从事智慧水务、智慧水利等研究工作的人员参考。

图书在版编目（CIP）数据

水环境质量自动监测/周旭东，刘竟成，罗俊主编. —北京：化学工业出版社，2023.8
ISBN 978-7-122-43390-9

Ⅰ.①水… Ⅱ.①周…②刘…③罗… Ⅲ.①水环境-水质监测-自动监测 Ⅳ.①X832

中国国家版本馆CIP数据核字（2023）第074249号

责任编辑：王文峡　金　杰　　　　　　文字编辑：师明远　刘　莎
责任校对：王鹏飞　　　　　　　　　　　装帧设计：韩　飞

出版发行：化学工业出版社（北京市东城区青年湖南街13号　邮政编码100011）
印　　装：高教社（天津）印务有限公司
787mm×1092mm　1/16　印张11¾　字数238千字　2024年6月北京第1版第1次印刷

购书咨询：010-64518888　　　　　　　　售后服务：010-64518899
网　　址：http://www.cip.com.cn
凡购买本书，如有缺损质量问题，本社销售中心负责调换。

定　　价：45.00元　　　　　　　　　　　　　　　　　　版权所有　违者必究

前言

"推动绿色发展，促进人与自然和谐共生"是党的二十大报告的重要组成部分，提出了"尊重自然、顺应自然、保护自然是全面建设社会主义现代化国家的内在要求"。生态文明被纳入国家"五位一体"总体布局，生态环境保护得到高度重视。近些年，国家陆续提出的"绿色发展""绿水青山就是金山银山"理念，以及"碳达峰、碳中和"目标，说明生态环境保护进入了快速发展时期，环保产业是当前的热点行业和产业。为了顺应生态环境保护工作发展的新形势，环境保护手段需要进一步强化，环境监测技术需要更新、环境保护后备力量的培养需要进一步加强。

水环境自动监测技术在中国起步较晚，自20世纪90年代引入我国，在我国部分主要流域陆续展开了地表水水质自动监测试点工作，分别在松花江、长江、黄河及太湖流域的重点断面建立了10个水质自动监测站。当前市场上的教材知识体系比较陈旧、规范性不足，难以满足目前生态环境保护新形势和职业教育的需要。《水环境质量自动监测》的编写就是为了更好地满足当前生态环保形势的需要，更好地服务当前的生态环境保护工作需要。

本教材贯彻落实生态文明思想，落实全国职教大会和全国教材工作会议精神，落实国务院办公厅《关于深化产教融合的若干意见》，落实教育部《"十四五"职业教育规划教材建设实施方案》和《四川省职业教育提质培优行动计划（2021—2025）》等文件和要求。

本教材设计了更贴近岗位实际的"项目＋任务"新型编写形式，以项目、任务为主导，能够更好地适应高职院校人才培养的需求；教材基于水环境自动在线监测的新知识、新仪器、新方法、新手段，以学生的实践能力、岗课结合能力为核心，力图做到纸质教材、多媒体资源、在线课程、课堂教学同步设计、整体研发。教材内容设计以学生为本，更注重教材的实用性、案例的真实性和学生的岗位代入感。教学手段注重信息化、多样化、丰富化、情景化，注重多媒体的应用。教材很好地将"可持续发展理念""两山理论""生态文明思想""双碳"目标、"建设生态环境保护铁军"等具有生态环保特色的思政元素融入其中。

  参加本书编写的人员有泸州职业技术学院的周旭东教授、刘竟成教授，四川省泸州生态环境监测中心站李其林博士、罗俊高级工程师，北京尚洋东方环境科技有限公司的许广、彭天刚、尤成、王成钱、易鑫工程师。

  本书编写过程中得到化学工业出版社的支持和帮助，同时也引用了相关学者和专家的资料，在此一并表示由衷的感谢！

  由于编者水平有限，书中不足之处在所难免，敬请各位读者批评指正。

编者

2024 年 1 月

目 录

项目一 认识水环境自动监测 —— 1
  一、水环境自动监测的概念和基本构成 —— 1
  二、水环境自动监测系统的目标与功能 —— 2
  三、水质自动监测的发展阶段和特点 —— 2
  四、水质在线监测系统发展及展望 —— 4

项目二 监测站点及相关配套单元 —— 6

任务一 站址选择与站房建设 —— 6
  一、站址选择 —— 6
  二、站房建设 —— 7

任务二 认识采配水单元 —— 12
  一、采水单元 —— 13
  二、配水及预处理单元 —— 18

任务三 认识控制与辅助单元 —— 20
  一、控制单元 —— 20
  二、辅助单元 —— 24

任务四 认识数据采集与传输单元 —— 26
  一、采集与存储 —— 26
  二、网络结构示意图 —— 26
  三、数据转换器 —— 26
  四、以太网铁壳交换机 —— 28
  五、数据处理传输 —— 29
  六、通信信道方式 —— 29

任务五 数据管理平台及处理软件 —— 30

一、平台功能 ………………………………………………… 30
二、水站各单元运行状态参数实时监控 …………………… 32

项目三　常规项目监测　　　　　　　　　　　　　　44

任务一　高锰酸盐指数监测 ………………………………… 45
任务二　氨氮监测 …………………………………………… 56
任务三　总氮监测 …………………………………………… 67
任务四　总磷监测 …………………………………………… 78
任务五　五参数（pH、温度、溶解氧、电导率、浊度）监测 …… 90

项目四　重金属监测　　　　　　　　　　　　　　　　98

任务一　常规重金属监测 …………………………………… 98
任务二　六价铬监测 ………………………………………… 113

项目五　特征污染物质监测　　　　　　　　　　　　127

任务一　叶绿素监测 ………………………………………… 127
任务二　生物毒性监测 ……………………………………… 136
任务三　挥发性有机物（VOCs）监测 …………………… 145

项目六　质量控制　　　　　　　　　　　　　　　　156

一、总体目标 ………………………………………………… 156
二、总体要求 ………………………………………………… 156
三、质量保证与质量控制措施 ……………………………… 157
四、监测数据有效性评价 …………………………………… 160

项目七　水质评价　　　　　　　　　　　　　　　　162

任务一　数据审核 …………………………………………… 162
任务二　水质评价 …………………………………………… 169

附 录　　　　　　　　　　　　　　　　　　　　　　175

水质自动监测站质控措施检测方法 ———————————— 175

　　一、氨氮、高锰酸盐指数、总磷、总氮质控措施检测
　　　　方法 ————————————————————— 175

　　二、常规五参数质控措施检测方法 ———————————— 177

　　三、叶绿素 a 和蓝绿藻密度水质分析仪质控措施核查
　　　　方法 ————————————————————— 177

参考文献　　　　　　　　　　　　　　　　　　　　　179

二维码一览表

序号	二维码名称	放置页	类型
1	泸州沱江大桥水质自动监测站	6	MP4
2	地表水自动监测系统通信协议技术要求（试行）	12	PDF
3	地表水水质自动监测站站房及采排水技术要求（试行）	15	PDF
4	地表水自动监测仪器通信协议技术要求（试行）	26	PDF
5	试剂更换	49	MP4
6	清洗采样杯	51	MP4
7	清洗五参数电极	94	MP4
8	水样比对	157	MP4
9	多点线性	157	MP4
10	集成干预	157	MP4
11	加标回收	157	MP4
12	周质控	159	MP4
13	地表水自动监测数据处理方法及修约规则（试行）	160	PDF
14	国家地表水水质自动监测数据审核管理办法（试行）	162	PDF
15	地表水环境质量评价办法（试行）	169	PDF
16	地表水环境质量监测数据统计技术规定（试行）	169	PDF

项目一

认识水环境自动监测

知识目标

1. 熟悉水环境监测的概念和基本组成；
2. 熟悉水环境自动监测系统目标与功能；
3. 了解水质自动监测的发展阶段和不同阶段的特点；
4. 熟悉水质自动监测系统的发展方向和前沿技术。

能力目标

1. 掌握水环境自动监测内涵以及水环境监测系统的组成；
2. 熟悉水质自动监测的发展和前沿技术；
3. 熟悉水质自动监测的功能及作用。

素质目标

1. 树立水环境保护和水污染防治意识；
2. 勇于探索、养成一定的科学研究意识和创新精神。

一、水环境自动监测的概念和基本构成

水环境自动监测是对水环境样品进行自动采集、处理、分析及数据传输的整个过程。而水环境自动监测系统是以在线自动分析仪器为核心，运用自动控制技术、现代传感技术、自动测量技术、计算机技术以及相关的专用分析软件和通信网络，对地表水、地下水环境和污染源污水进行连续自动采集、处理、分析和数据传输的综合性在线监测系统。

水环境自动监测系统由若干个设在河流两岸、湖泊和水库出入口等处的水质自动监测站和水质自动监测数据平台组成。水质自动监测站是完成地表水、地下水和污染源污

水水质自动监测的现场部分，一般由站房、采配水、控制、检测、数据传输等全部或者数个单元组成，简称水站。各水站连续测得的水站数据定时传送至水质自动监测数据平台，数据平台是一套对水站进行远程监控、数据传输统计与应用的系统。

二、水环境自动监测系统的目标与功能

1. 水环境自动监测系统的目标

一是实现水环境监测过程全自动化。

二是通过计量和监测，及时、准确地得到水质的分析数据，为科学决策提供依据。

三是快速对汇总的信息进行分析，预测水源水质的变化趋势，防止发生突发性污染事故。

四是实现快速、准确、及时的监控，提高现代化科学管理水平。

五是巩固已取得的达标成果，强化对污染源治理设施运行情况监督管理，增强企业的守法自觉性。

2. 水环境自动监测系统的功能和作用

一是可连续或间歇地对系统中水质实现多种参数的在线实时监测，为水质监控提供完整的解决方案。

二是可及时地掌握水处理系统中各流程点的水质状况，有效地保证饮用水、污水及废水处理系统的正常运行，及时发布重大水污染源风险预警。

三是可满足企业生产高效、低耗、现场可无人值守等要求。

四是系统能长期储存水质检测数据、处理设施运转情况记录及各种环境资料以备检索。

五是系统具有现场数据统计、数据打印、数据传输、构建中心数据库功能，可生成各种用户所要求的年、月、日、周、季报表；可根据数据库中的数据统计绘制出测量参数的年、月、日、周、季曲线。

六是实现对系统状态（水环境流量、历史曲线、过程参数、信号报警）和仪表状态（仪表运行状态、参数校准、仪表故障等）进行远程监视。

三、水质自动监测的发展阶段和特点

1. 起步阶段

我国的水质自动监测起步较晚，1988年在天津试点建立了第一个水质自动监测站。1996年，国家环保总局发布的《排污口规范化整治技术要求（试行）》规定：重点整治的排污口应安装流量计，污水的排污口设置堰口以便能够计量处理量。所以最初的在线监测系统就是简单地在排污口安装流量计和采样器。之后，上海、北京等地作为试点也

先后建立了水质自动监测站。1999年开始,在我国部分主要流域展开了地表水水质自动监测试点工作,分别在松花江、长江、黄河及太湖流域的重点断面建立了10个水质自动监测站。20世纪末期,国产水质COD在线监测仪器在我国很多环保事业单位开始应用,并在一些重点省份、重点行业开始推广,这时COD自动检测工艺的研究开始深入。但产品受温度、酸碱度的影响大,稳定性差;市场和管理人员对该工艺缺乏认识,资金和人力投入少,设备粗简,不能形成相应的规模;经济的发展状况也使得水质的在线监测呈现了达多贫少的不均匀分布形式格局。所以这个时期技术的特点表现为:产品较单一、质量不稳定、生产规模小、安装量小等特性。

2. 发展阶段

经过一个时期的使用和钻研,COD自动在线监测仪技术在各个方面逐渐完善和成熟,设备零件的精密性和系统的稳定性进一步提高,相关单位和企业生产研制出了包括COD、NH_3-N、TOC、TN、TP五种水质参数在线监测仪器并进行推广应用。同时国家生态环境部门对该项技术也提出了更高的要求,环境监测仪器质量监督检验中心还对COD在线监测仪器进行了适用性检测,我国建设地表水水质自动监测站的步伐也逐渐加快,自2000年9月起,陆续在全国31个省市区各流域的重点断面、大型湖库以及国界出入境河流上建成了149个水质自动监测站。在这个时期,COD自动在线监测产品开始逐渐呈现多样化、产品质量稳定化、市场多元化等特点。

3. 网络化阶段

2006年以后,"污染源减排三大体系能力建设"项目实施后,凡是COD污染负荷在60%以上的污染源必须安装监测仪器,并需联网运行,初步形成由地(市)、省、国家组成的三级网络。安装仪器数量增多、运行管理逐步规范,尤其是出现了一批专业化运营维护队伍,对水质在线监测仪器的发展起到了推动作用。2005年到2008年,基本每年新建100个以上水质自动监测站,2009年开始,基本每年新建200个以上水质自动站。通过近些年的发展与国家对在线监测的投入,我国的主要河流湖泊断面都建立了水质自动监测站,而各大河流的支流、地方水系等也都开展了水质在线监测工作,我国已经初步形成了覆盖全国主要地表水体的水质自动监测网络。2018年以来,国家继续推进水质自动监测站的建设工作,在全国2050个国家地表水考核断面上,除280个不具备建站条件外,1770个断面都建成了水站。这个阶段,水质自动监测技术日益成熟、发展迅速,成果应用也越来越广泛。国家水质自动监测站的监测项目包括了常规9项:水温、pH值、溶解氧、电导率、浊度、高锰酸盐指数、氨氮、总磷和总氮,部分湖库水质自动监测站监测项目还包括叶绿素a,有些站还开展了生物毒性、挥发性有机物的试点监测以及重金属监测项目。

四、水质在线监测系统发展及展望

随着水工业行业的快速发展以及水环境监测要求的提高，使得水质在线监测仪的研制与应用面临着新的要求和挑战，也进一步推动了水质在线监测仪的应用朝着更高级的方向发展。主要表现在仪器自动化、智能化、网络化水平不断提高；分析仪器联用技术日趋成熟；仪器向模块化和组合化结构发展；仪器在向小型化、微型化和多参数化方向发展。

1. 重金属在线监测技术

由于重金属污染有危害性，对重金属污染进行监控变得日益紧迫，发展初期，重金属在线监测仪器基本依赖进口，价格昂贵。随着技术的发展，一些国内科技创新企业通过加大科研投入，相继推出一系列重金属在线监测仪，填补了国内空白，结束了国外技术垄断的历史。

2. 水质毒性在线监测技术

监测水质时，水的毒性监测是必要的。水中的有毒物质包括硫化物、酚、氟、Cl_2、重金属等。发光细菌与不同毒性物质反应表现出不同的效应，可用驯化后的光杆菌作为毒性的判断指标。发光细菌监测水质毒性具有简便、灵敏、适应性强、用途广、定性或定量有毒物质精确、准确度好（误差小于10%）、速度快、检测范围宽（包括铬、镉、铜、铅、镍、汞等重金属离子，DDT、有机磷农药、洗涤剂、溶剂等有机和无机有毒物质）、检测费用低、操作灵活、在现场或实验室均可检测等优点，具有较大应用前景。

3. 生物传感器的应用

生物分子具有令人难以置信的识别功能，具有快速、可连续在线监测等优点。不同的待测物质都有着各自对应效果反应的生物分子，生物分子与待测物反应，将反应现象转化为电信号的形式表达出来，以此来分辨待测物质所属物系。现在许多污染监控领域上已经运用了多种生物传感器，一些发达国家还采用了冷光型的生物传感器。纵观生物传感器的特性可知，它对水质污染剧毒性物质的监测可起到独具一格的作用，生物传感器将得到更广泛的应用。

4. 荧光法的应用

荧光物质可以被固定波长的光激发，产生能反映出该物质特性的荧光，发挥其检测作用。常见的荧光法有荧光光谱检测和高效液相色谱法检测，可以测定水中的重金属和有机污染物，具有操作方便、灵敏度高、效果好等优点，有很好的应用前景，在各地表水监测站点已陆续使用。

5. 酶联免疫吸附测定（ELISA）法的应用

生物法中，当生物分子为酶和抗体时，可采用ELISA法、聚合酶链式反应以及表面胞质团共振检测等当前最新发展技术。ELISA法具有检测灵敏度高、选择性好、操作简便快速、精确性高等特点,在环境监测中主要应用在环境致病菌、农药残留等方面的监测,我国已颁布了采用ELISA法对水和土壤等污染物的检测方法。

 阅读材料

国家水质自动监测站有多少

1999年9月开始,我国部分主要流域开展了地表水水质自动监测站的试点工作,并分别在松花江、淮河、长江、黄河及太湖流域的重点断面建设了10个水质自动监测站。在试点的基础上,从2000年9月份开始,经过"十五""十一五"十年的努力,陆续在松花江、辽河、海河、黄河、淮河、长江、珠江、太湖、巢湖、滇池等十大流域的重点断面以及浙闽河流、西南诸河、内陆诸河、大型湖库以及国界出入境河流上建成了149个水质自动监测站。初步形成了覆盖我国主要水体的水质自动监测网络。2018年以来,国家继续推进水质自动站的建设工作,在全国2050个国家地表水考核断面上,除280个不具备建站条件外,1770个断面都建成了水站。

项目二

监测站点及相关配套单元

📚 知识目标

1. 熟悉自动水质监测站点和相关配套硬件系统的组成;
2. 熟悉站址选择以及不同站房建设的原则;
3. 熟悉采水单元和配水单元的组成、设备、特点及要求;
4. 熟悉控制与辅助单元组成及功能;
5. 了解数据处理与传输单元组成;
6. 了解数据平台组成。

🖥 能力目标

1. 掌握水环境自动监测系统硬件组成和功能;
2. 熟悉和掌握水环境自动监测站点的分类及功能;
3. 熟悉和掌握水环境自动监测站相关配套硬件设施的组成和功能;
4. 熟悉和掌握水环境自动监测站平台处理软件组成和功能。

➡ 素质目标

1. 养成不怕吃苦、敬业务实的工作作风;
2. 树立良好的职业道德、行为规范和认真细致的工作态度。

任务一 站址选择与站房建设

泸州沱江大桥
水质自动监测站

一、站址选择

1. 选择原则

站址选择原则包括建站可行性、水质代表性、监测长期性、系统安全性和运行经济性。

2. 基础条件健全

为确保水质自动监测系统的长期稳定运行，所选取的站址应具备良好的交通、电力、清洁水、通信、采水点距离、采水扬程、枯水期采水可行性和运行维护安全性等建站基础条件。

3. 优先选择考核断面

主要包括重点生态功能区、生态补偿考核断面和国、省、市、县控考核监测断面。

4. 保证监测数据代表性

所选取站点的监测结果应能代表监测水体的水质状况和变化趋势。河流监测断面一般选择在水质分布均匀、流速稳定的平直河段，距上游入河口或排污口的距离大于1km，原则上与原有的常规监测断面一致或者相近，以保证监测数据的连续性。湖库断面要有较好的水力交换，所在位置能全面反映被监测区域湖库水质真实状况，避免设置在回水区、死水区以及容易造成淤积和水草生长处。

二、站房建设

站房建设根据站点的现场环境、建设周期、监测仪器设备安装条件等实际情况，采用固定站房、简易式站房、小型式站房、水上固定平台站、水上浮标（船）站等方式进行系统建设。站房的设计与施工结合地质结构、水位、气候等周边环境状况进行，同时做好防雷、抗震、防洪、防低温、防鼠害、防火、防盗、防断电及视频监控等措施。站房配套设计废液收集和生活污水收集设施。

1. 站房建设原则

水站站房必须满足建设要求，针对实际情况，可因地制宜选择适宜的站房类型。
① 原则上优先选择固定式站房；
② 水站站址能满足站房建设面积要求的，优先考虑采用单层站房结构；
③ 水站站址存在洪涝隐患的情况下，优先考虑双层站房结构，监测仪器室可根据站点实际情况布置在一楼或者二楼；
④ 水站站址受建设条件（地基、规划、河道）影响时，考虑采用简易式站房结构；
⑤ 水站站址受建设条件（景区、城区、管制区）制约时，考虑采用小型式站房结构；
⑥ 水站站址根据建设要求需选定在河、湖中且水深在10m以内的，考虑采用水上固定平台站；
⑦ 水站站址无法满足供电要求，可考虑采用水上浮标站或水上浮船站；
⑧ 国界河流（湖泊）水站必须建设固定式站房。

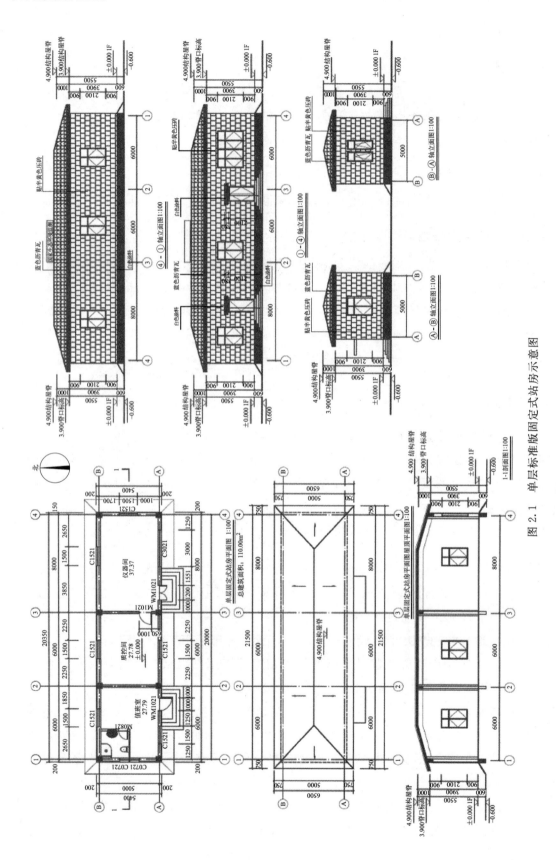

图 2.1 单层标准版固定式站房示意图

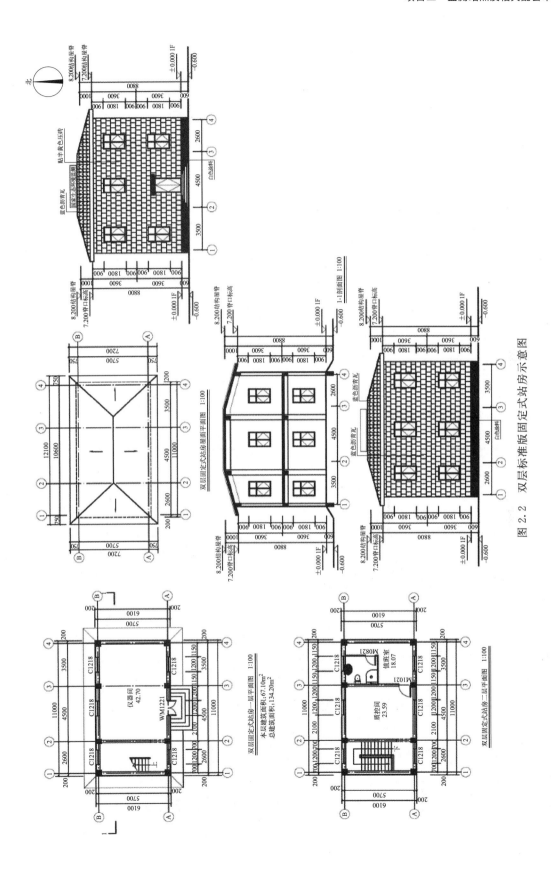

图 2.2 双层标准版固定式站房示意图

2. 站房分类

（1）固定式站房

固定式站房包括站房建筑工程（包括采水单元）和水站自动分析仪器两部分。其中，站房建筑工程由仪器室、质控室和值班室组成。外部保障条件是指引入清洁水、通电、通信和开通道路以及平整、绿化和固化站房所辖范围的土地。

固定式站房总面积不小于$100m^2$，监测仪器室不小于$40m^2$、质控室不小于$30m^2$、值班室不小于$30m^2$，分单层或双层建设。如图2.1、图2.2所示。

（2）一体化简易式站房和小型式站房

简易式站房和小型式站房适用于占地面积有限、地理情况复杂、项目建设周期较短、有移址或调整监测断面需求的水站建设。站房设计尺寸应满足仪表及系统集成装置的安装要求，站房材质宜采用轻型材料，具备恒温、隔热、防雨和报警等功能。

简易式站房面积原则上不得小于$40m^2$，质控室和监测仪器室可合并建设。站房面积除满足基本9项参数仪器及其配套设备摆放外，还要考虑未来监测项目扩展，适当留有增配仪器的空间。如图2.3。

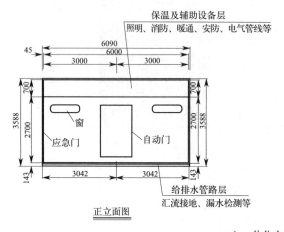

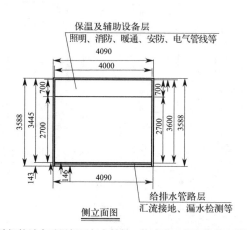

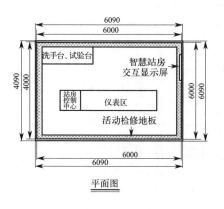

1. 一体化自动机舱站房采用新型复合材料一体成型，具有美观、耐候、防腐、防潮、轻质高强等特点；尺寸根据实际情况可按6米*4米*3米、9米*4米*3米、12米*4米*3米（宽深高）选择。
2. 站房内部为三层立体结构，其中顶层为辅助设备层，同时兼具隔热保温作用，安装完备的照明、暖通、消防、安防、通信等设施；中间层为仪表间，底层为给排水管路层，同时铺设汇流接地、漏水检测、积水泵等设施。
3. 站房顶部设置一台网络红外球型摄像机，对采水点进行全方位及变焦视频监控；站房内，两台红外枪式摄像机对角设一体化自动机舱室，对工作区进行监控；站房外部，两台红外枪式摄像机与一台网络红外球型摄像机，对站房出入人员及周边环境进行监控。
4. 设置一主一备双门系统，主门采用自动门，联动门禁系统启闭；副门为应急门，采用优质防盗门。
5. 站房内设置控制中心及大型人机交互液晶显示触摸屏，对各项功能进行远近程查询、设置和控制。提供站房恒温恒湿、主备通信链路切换、视频行为分析报警、安防消防报警联动等站房无人值守自动管控功能。根据情况还可选配小型气象站单元、流量计单元及远程质控单元。
6. 采用4G/5G无线网络系统及云平台技术，对数据、视频提供便利、高可靠性的远程传输和服务。
7. 站房为工厂制造后直接吊装到现场摆放，提供具备相应承载力的水泥硬化地面基础即可，同步配套采水、供水及电力系统。

图2.3 一体化简易式站房示意图

（3）水上固定平台站和水上浮标（船）站

水上固定平台站和水上浮标（船）站是将监测仪器集成于平台上，并配备太阳能、风能等供电设备，具备警示防撞和报警等功能的一种监测系统。浮船站参考示意图如图 2.4。

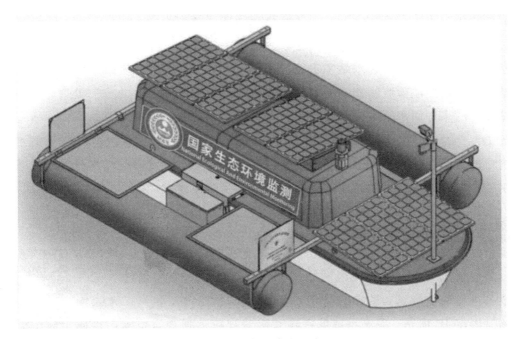

图 2.4　浮船站参考示意图

3. 站房供电

① 供电负荷等级和供电要求按现行国家标准《供配电系统设计规范》（GB 50052—2009）的规定执行。

② 水站供电电源使用 380V 交流电、三相四线制、频率 50Hz，电源容量要按照站房全部用电设备实际用量的 1.5 倍计算。

③ 电源线引入方式应符合国家相关标准，穿墙时采用穿墙管。施工参考《建筑电气工程施工质量验收规范》（GB 50303—2015）。

④ 要在监测仪器室内为水质自动监测系统配置专用动力配电箱。在总配电箱处进行重复接地，确保零、地线分开，其间相位差为零，并在此安装电源防雷设备。

⑤ 根据仪器、设备的用电情况，在 380V 供电条件下总配电采取分相供电：一相用于照明、空调及其他生活用电（220V），一相供专用稳压电源为仪器系统用电（220V），另外一相为水泵供电（220V）。同时在站房配电箱内保留一到两个三相（380V）和单相（220V）电源接线端备用。

⑥ 电源动力线和通信线、信号线要相互屏蔽，以免产生电磁干扰。

4. 站房给排水

（1）给水系统

站房根据仪器、设备、生活等对水质、水压和水量的要求分别设置给水系统。

站房内引入自来水（或井水），必要时加设高位水箱。自来水的水量瞬时最大流量为 $3m^3/h$，压力不小于 $0.5kg/cm^2$，保证每次清洗用量不小于 $1m^3$。

（2）排水系统

站房的总排水必须排入水站采水点的下游，排水点与采水点间的距离应大于 20m。各类试剂废水按照危险废物管理要求，单独收集、存放和储运，并统一处置。

站房内的采样回水汇入排水总管道，并经外排水管道排入相应排水点，排水总管径不小于 $DN150$，以保证排水畅通，并注意配备防冻措施。排水管出水口高于河水最高洪水水位的，设在采水点下游。站房生活污水纳入城市污水管网送污水处理厂处理，或经污水处理设施处理达标后排放，排放点应设在采水点下游。

5. 站房通信

固定站房网络通信建设应以光纤/ADSL 有线网络传输为主，现场条件不具备的情况下，可选用无线网络进行传输，站点现场应通过手机等通信设备进行通话测试，通信方式应选择至少 2 家通信运营商，无线传输网络（固定 IP 优先）应满足数据传输要求及视频远程查看要求，传输带宽不小于 20Mb/s。

地表水自动监测系统通信协议技术要求（试行）

水上固定平台通信在没有运营商网络覆盖的情况下，可采用微波中继等辅助传输方式。

6. 站房暖通

站房结构采取必要的保温措施，站房内有空调和冬季采暖设备，室内温度应当保持在 18～28℃，相对湿度在 60% 以内，空调为立柜式冷暖两用，功率不低于 1500W，使用面积不低于 $30m^2$，具备来电自动复位功能，并根据温度要求自动运行。在北方寒冷地区应配备电暖气等单独供暖设备，保障室内设备的正常工作。

任务二　认识采配水单元

采配水单元是保证整个系统正常运转、获取正确数据的关键部分，必须保证所提供的水样可靠、有效，包括采水单元、预处理单元和配水单元。采水单元包含采水装置、采水泵、采水管路等。预处理单元为不同监测项目配备预处理装置，以满足分析仪器对水样的沉降时间和过滤精度等要求。配水单元直接向自动监测仪器供水，其提供的水质、水压和水量均须满足自动监测仪器的要求。

一、采水单元

采水单元的设置应因地制宜，针对不同情况采用最适用的采水方式，确保采集到的断面水样具有代表性，同时保证水样在传输管路中不发生物理、化学性质的变化。

1. 采水单元基本要求

采水单元应结合现场水文、地质条件确定合适的采水方式，符合《地表水自动监测技术规范（试行）》（HJ 915—2017）和《关于加快推进国家地表水环境质量监测网水质自动监测站建设工作的通知》（环办监测函〔2017〕1762号）的附件《国家地表水水质自动监测站站房及采水技术要求》，保证运行的稳定性、水样的代表性、维护的方便性。采水单元一般包括采水构筑物、采水泵、采水管道、清洗配套装置、防堵塞装置和保温配套装置。

（1）采样装置

采样装置的吸水口应设在水下 0.5～1m 范围内，并能够随水位变化适时调整位置，同时与水体底部保持足够的距离，防止底质淤泥对采样水质的影响。要做到既能保证采集到具有代表性的水样，又能保证采样单元能连续正常运行。

（2）采水系统

采水系统应具备双泵/双管路轮换功能，配置双泵/双管路采水，一备一用；可进行自动或手动切换，满足实时不间断监测的要求。

（3）采水管道

采水管道应具备防冻与保温功能，配置防冻保温装置，以减少环境温度等因素对水样造成的影响；采水管道材质应有足够的强度，可以承受内压，且使用年限长、性能可靠、具有极好的化学稳定性，不与水样中被测物产生物理和化学反应，避免污染水样；采水管道应具有防意外堵塞和泥沙沉积后清洗方便的功能，其管路应采用可拆洗式，并装有活接头，易于拆卸和清洗；采水管道应有除藻和反清洗设备，可以通入清洗水进行自动反冲洗，通过自动阀门切换可以将清洗水和高压振荡空气送至采样头，以消除采样头单向输水运行形成的淤积，以防藻类生长、聚集和泥沙沉积。

2. 采水设备及要求

（1）采水泵

① 采水泵选择的基本原则　综合考虑采水单元采水泵的选择，需满足水质监测系统运行所需水量、水压，根据现场采水距离、水位落差配置相应功率的采水泵。当取水头位置与站房的高差小于 8m，或平面距离小于 80m 且没有高差时一般选用离心

泵，否则应选用潜水泵。一般选用清水潜水泵；当监测水体浊度过大时，应选择污水潜水泵。

② 采水泵功能要求　输水压力设计要充分考虑现场的采水距离和扬程落差，应保障水样顺利输送到站房内，同时还要留有一定的余量。输水量根据系统正常上水的要求，泵的供水量宜为 $1\sim4t/h$。选用采水泵的材质应适应使用环境需要，做到防腐、防漏。

（2）采水管道

采水管道材质要有足够的强度，可以承受内压和外载荷，要有极好的化学稳定性、重量轻、耐磨耗和耐油性强。

① 采水管路设计　采水单元应采用双泵双管路配置设计，一用一备，满足实时不间断监测要求，并在控制单元中设置自动诊断泵故障及自动切换泵工作功能。采水管路要配有管道清洗、防堵塞、反冲洗等设施，并在取水管道设有压力监控装置，控制单元通过该装置实时监控采水单元的运行状态。

② 采水管路清洗设计　采水管路清洗设计应具有管道反冲洗和自动排空管道功能，采水完成后系统自动排空管道并清洗，清洗过程不对环境造成污染。除藻装置可以定期自动或手动操作，配合清洗水和压缩空气，通过控制总管路及配水管路的电动阀门，可分别对外部采水管路和内部配水进行反冲洗，以防止管路堵塞，并达到对管路的除藻作用。

③ 管路敷设　为保证水管、线管等管路施工操作方便，开挖宽度不小于 $0.5m$，深度一般不小于 $0.5m$，冰冻地区开挖深度应满足当地防冻深度需求，管路预埋在开挖渠内靠站房并高于河汊一侧，且中间渠内无 U 形地平。

采水管、线预埋件从站房布设至采水点岸边，采用两组镀锌钢管（管径 $DN100$，厚度 $3.5mm$ 及以上）作为保护套管，对部分深度不满足要求的，管路两头终端进出接头处采用防冻材料保护，同时管道上层做好防误挖保护（如砖块、预制块）。

管路敷设后应保证水路通畅无泄漏，电路接头安全可靠并做防水处理，采用细土缓慢回填至管路上方并轻度夯实；回填后对管路施工敷设处做好施工警示，防止其他施工误挖，保证管路使用安全。

④ 管路材质要求　根据现场具体情况建设适应当地条件的采水管路，使用三型聚丙烯或硬聚氯乙烯材质，耐用、耐热、耐压、环保。

（3）保温、防冻、防压、防淤、防藻要求

① 保温要求　可根据保温层材料、保护层材料以及不同条件和要求，选择不同的隔热结构。保温结构应具有足够的机械强度以防止压力损坏，还要有结构简单、施工方便、易于维修、良好的防水性能等特点。

② 防冻要求　采水管路布设分为地面段和埋地段。地面段管路通过外层敷设伴热带和保温棉实现保温和防冻功能；埋地段管路通过将管路敷设于当地冻土层以下，对管路起到防冻作用，也可采用深埋和排空方式。在采水管道经过水面冰冻层的一段，应安

装电加热保温层,并有良好的防水性能。

③ 防压要求　过路段管路要将管路敷设于预留的管线地沟内,上部设置水泥盖板防止人为踩踏;埋地管路应置于镀锌钢管内。

④ 防淤、防藻要求　要确保采水管道敷设平滑并具有一定坡度,尽可能减少弯头数量,避免管道内部存水。在系统设计时,设置反冲洗装置,以防止淤泥沉积和藻类聚集,在藻类高发时采水单元要配置专门防藻除藻结构。

3. 安全措施

在航道上建设采水构筑物应能长期稳定安全运行,可通过在采水构筑物周围设置红色浮球防护圈,并设置航标灯以实现安全保护功能。浮球及取水部件既要减少影响航运,又能保护自身安全,特别是采水单元,应设置防撞和防盗措施,具体可在浮球顶端设置标准航标灯,并安装视频监控装置,实时监视取水口状态。

地表水水质自动监测站站房及采排水技术要求(试行)

4. 采水单元设施的基本类型和特点

在采水单元设施建设中,应因地制宜采取不同的采水方式。根据采水方式的结构特点可分为栈桥式采水、浮筒式采水、悬臂式采水、浮桥式采水、拉索式采水等,见表2.1。

表2.1　不同类型采水方式适用场合

序号	采水方式	适用场合
1	栈桥式	可永久性、有效防洪的河道断面,具备建设栈桥条件的场合
2	浮筒式	各种环境,如水流急、浅滩长、水位有一定变化的湖库、河道等监测断面
3	悬臂式	具备此采水方式建设条件的场合,一般适用于水流急、漂浮物多、水位有一定变化的河道监测断面
4	浮桥式	湖库等水流缓慢的监测断面
5	拉索式	具备此采水方式的建设条件的场合,一般适用于需要多点位监测的河道监测断面

(1) 栈桥式采水

栈桥式采水装置应尽可能设置在与河堤平齐的位置,由采水导杆、采水浮筒、采水管线、升降电机、钢索和水泵组合而成。栈桥上安装有警示标志,采水装置敷设河道位置既不能影响航道又要保障采水正常。如图2.5。

(2) 浮筒式采水

浮筒式采水装置应尽可能设置在与站房平齐的位置,由采水浮筒、采水管线、船锚、钢索和水泵组合而成。浮筒上方安装有警示标志,采水装置敷设河道位置既不能影响航道又要保障采水正常。如图2.6。

(3) 悬臂式采水

悬臂式采水装置由采水浮标、采水导杆、采水管线、混凝土柱、钢索和水泵组合而

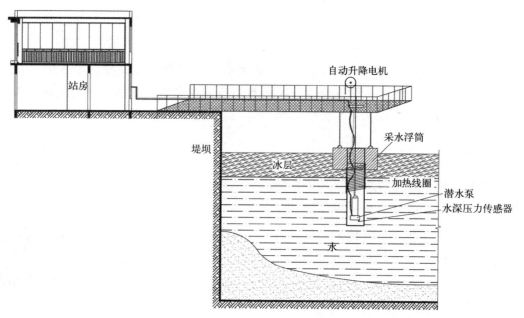

图 2.5 栈桥式采水参考示意图

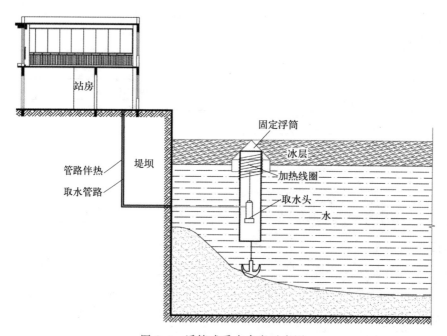

图 2.6 浮筒式采水参考示意图

成,采水浮标和采水导杆通过钢索连接保证采水装置不会被水流冲走。浮标上方安装有警示标志,采水装置敷设河道位置既不能影响航道又要保障采水正常。如图 2.7。

(4) 浮桥式采水

浮桥式采水装置由基础柱、钢索、浮桥、采水浮筒、采水管线和采水泵组合而成。

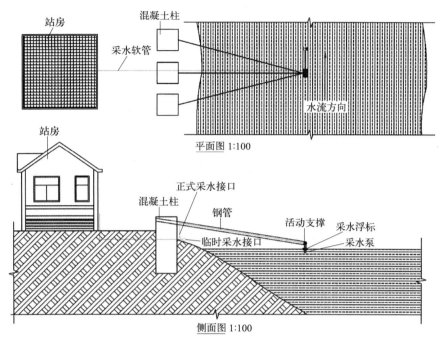

图 2.7 悬臂式采水参考示意图

采水浮桥可随水位变化上下自由浮动。采水浮桥上安装警示标志,浮桥采水装置建设河道位置既不能影响航道又要保障采水正常。如图 2.8。

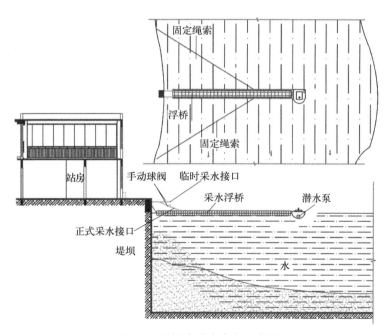

图 2.8 浮桥式采水参考示意图

（5）拉索式采水

拉索式采水装置由基础立柱、钢索、滑轮、牵引电机、采水浮筒、采水管线和采水泵组合而成，应设置于采水断面河道两端位置，能实现对整个断面任何采水点进行采样。采水装置可随水位变化上下自由浮动。采水装置上安装警示标志。此采水方式适用于无通航断面。如图2.9。

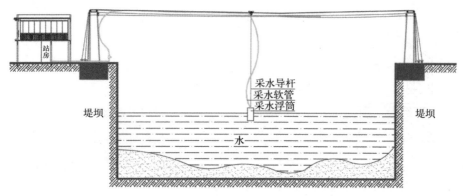

图2.9 拉索式采水参考示意图

二、配水及预处理单元

配水及预处理单元由水样分配单元、预处理装置及管道等组成，可实现对分析仪器配水的功能，并具有自动反清（吹）洗和自动除藻功能。

预处理单元为不同分析仪器配备预处理装置，常规五参数水质自动分析仪器使用原水直接分析，应根据国家标准分析方法要求对高锰酸盐指数、氨氮、总氮、总磷分析仪器提供相应的预处理方法。针对泥沙较大水体、暴雨期间、泄洪、丰水期等浊度影响较大的情况，系统应针对性地提供多种设计方式。

配水管路应设计合理，流向清晰，便于维护，保证仪器分析测试的水样应能代表断面水质情况并满足仪器测试需求，能配合系统实现水样自动分配、自动预处理、故障自动报警、关键部件工作状态的显示和反控等功能。配水主管路采用串联方式，各仪器之间管路采用并联方式，每台仪器从各自的取样杯中取水，任何仪器的配水管路出现故障都不会影响其他仪器的测试。所选管材应有足够的机械强度及化学稳定性好、使用寿命长、便于安装维护，不会对水样水质造成影响；管路内径、压力、流量、流速要满足仪器分析需要，并留有余量。

配水单元应具备自动反清（吹）洗功能，防止菌类和藻类等微生物对样品污染或对系统工作造成不良影响，设计中不使用对环境产生污染的清洗方法；配水单元的所有操作均可通过控制单元实现，并接受平台端的远程控制；配水单元应具备可扩展功能，水站要预留不少于4台设备的接水口、排水口以及水样比对实验用的手动取水口。配水单元详细流程图见图2.10。

项目二 监测站点及相关配套单元

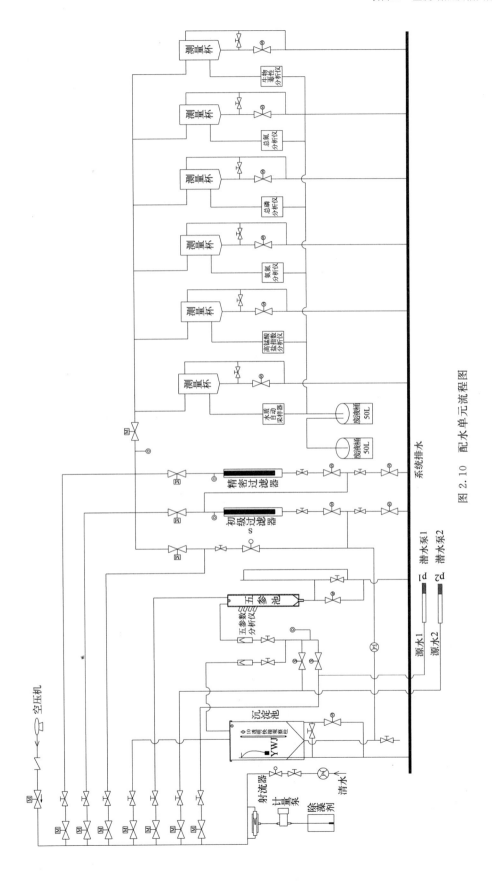

图 2.10 配水单元流程图

任务三　认识控制与辅助单元

一、控制单元

控制单元是控制系统内各个单元协调工作的指挥中心。控制单元对采水单元、配水及预处理单元、分析单元、留样单元、辅助单元等进行控制，并实现数据采集与传输功能，保证系统连续、可靠和安全运行。

1. 功能

① 断电保护功能，能够在断电时保存系统参数和历史数据，在来电时自动恢复系统。

② 自动采集数据功能，包括自动采集水质自动分析仪器数据、集成控制数据等，采集的数据应自动添加数据标识，异常监测数据能自动识别，并主动上传至中心平台。

③ 单点控制功能，能够对单一控制点（阀、泵等）进行调试。

④ 对自动分析仪器的启停、校时、校准、质控测试等的控制功能。

⑤ 对留样单元的留样、排样的控制功能；能够兼容视频监控设备并能实现对视频设备进行校时、重新启动、参数设置、软件升级、远程维护等功能。

⑥ 参数设置功能，能够对小数位、单位、仪器测定上下限、报警（超标）上下限等参数进行设置；能够显示各仪器监测结果、状态参数、运行流程、报警信息等。

⑦ 监测数据查询、导出、自动备份功能，可分类查询水质周期数据、质控数据（空白测试数据、标样核查数据、加标回收率数据等）及其对应的仪器、系统日志流程信息。

2. 控制界面

控制软件界面上的按钮均可通过鼠标控制，控制直观，反馈结果实时。泵阀的红色表示关闭、绿色表示打开，在获得软件相关权限后，可以在界面上直接鼠标点击泵阀，实现关闭或打开。图2.11为某公司平台系统主界面状态。

控制软件主界面工艺图条理清晰，能够实时动态显示水站系统状态、仪器状态（如空闲、测量等）和实时的监测数据，系统工况参数，预处理工作各类泵、各类阀的工作状态（如打开、关闭），水压及液位状态等信息，获得授权后在调试模式下，能够对预处理系统的各控制点（泵、阀）做单个控制调试，切换结果实时显示，控制一目了然。图2.12为预处理系统界面。

3. 系统查询与控制

控制软件能够查询仪器运行状态、内部技术参数信息，并能够对仪器进行测量、校

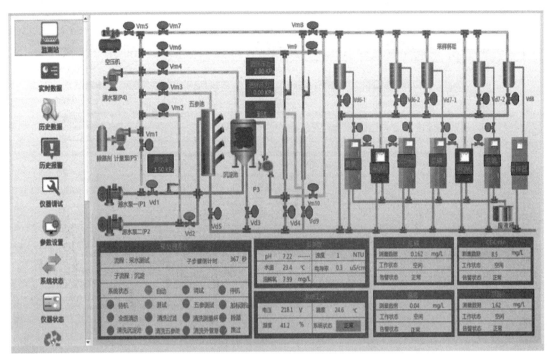

图2.11 系统主界面状态（以某公司平台为例）

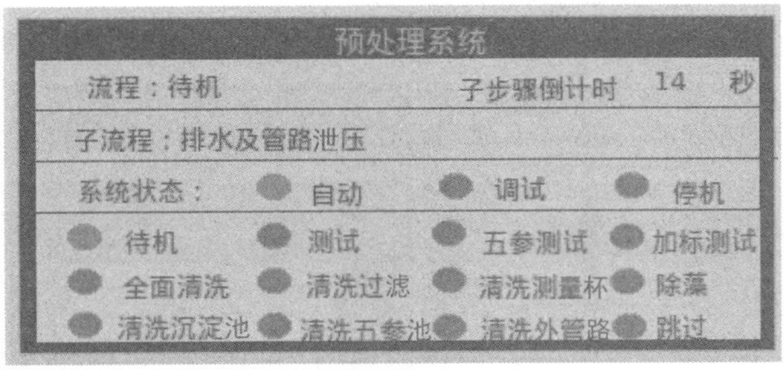

图2.12 预处理系统界面

准、零点核查、量程核查、停止测试操作，能够查询质控仪运行状态、内部技术参数信息，并能够对质控仪进行零点测试、量程测试、平行样测试、空白测试、加标回收率测试、标样测试、清洗操作。见图2.13。

4. 参数设置

控制软件具有参数设置功能，能够设置监测仪器上下限、源水泵工作方式、运行参数（如源水沉淀时间、仪器测量时间等）、流程启动方式（常规、质控、应急、调试）、留样器参数等。图2.14为参数设置界面。

5. 质控状态设置功能

可以设置日质控、周质控、月质控的时间、浓度、工作状态等，设置仪器的判定状态，设置COD_{Mn}的质控参数。图2.15为质控状态设置界面。

图2.13 水质监测平台仪器调试界面

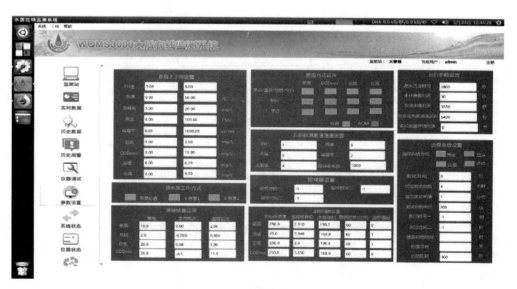

图2.14 参数设置界面

6. 历史数据查询、标识、审核、导出、备份等

控制软件历史数据包含监测数据（周期数据、五参数数据，默认周期数据指的是除五参数以外的所有数据4h监测一次，五参数数据1h监测一次）和质控数据（零点核查数据、量程核查数据、空白核查数据、五参数核查数据、加标核查数据、平行样核查数据）。监测数据具备数据标识的功能（标识：正常、调试等），便于管理员审核数据。数据项可以任意勾选，日期跨度可选择，可实现查询数据、导出Excel数据表、数据定时

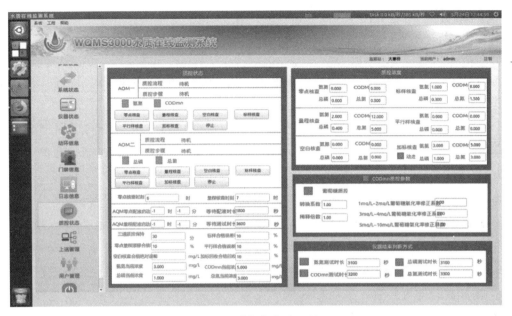

图2.15　质控状态设置界面

备份、数据补传以及数据保存精度设置等功能，还能够显示数据是否上传及上传的上层平台信息。图2.16为历史数据库界面。

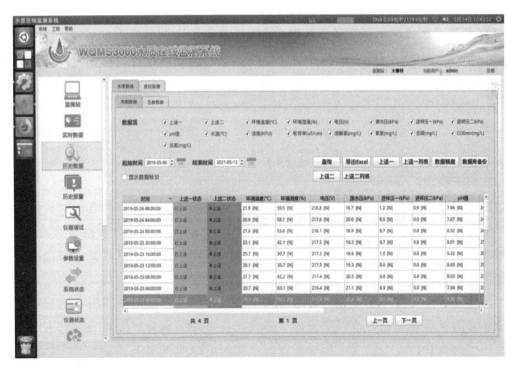

图2.16　历史数据库界面

二、辅助单元

1. 固定式站房辅助单元

辅助单元包含 UPS、稳压电源、防雷单元、废液单元、自动灭火装置、视频监控等部分。具体要求如下：

① 配备 UPS（总功率≥3kW，断电后至少能保证仪器完成一个测量周期和数据上传，且待机不少于 1h）、三相稳压电源（功率≥10kW）、系统集成机柜、维护专用成套工具等；

② 保证分析仪器运行时所用的化学试剂处于 4℃±2℃下低温保存；

③ 配备废液自动处理单元或废液收集单元，需满足两周以上废液量的收集；

④ 配备站房门禁系统，并自动记录站房出入情况；

⑤ 为保证系统稳定、可靠运行，必须具有电源、信号等设施的三级防雷措施；

⑥ 具备自动灭火装置，采用悬挂式灭火器，灭火材料须对人体和设备无害；

⑦ 视频监控单元由前端系统、传输网络和监控平台三部分组成，可远程监视水质自动监测站内设备（采水单元、自动监测分析仪器、供电系统、数据采集及传输系统等）的整体运行情况，观察取水工程（取样水泵、浮台等）工作状况，水站周边的水位、流量等水文情况，同时也可观察水站院落、站房、供电线路等周边环境。

2. 一体化简易式站房和小型式站房辅助单元

辅助单元需满足监测站房运行环境智能化要求，为设备仪器提供稳定良好的运行环境，可远程采集运行环境状态信息，实现运行环境的远程控制。

（1）通风换气

可采用管道式风机或百叶窗通风换气，站房内换风量宜控制在 10～20 次/h，可远程采集风机运行信息，通风系统噪声不高于 65dB。

（2）防雷模块

站房内部必须配置电涌保护器，在总电源进线开关下口加装电源电涌保护器作为电源的一级保护，在稳压器后加装多级集成式电涌保护器。站房底舱应配置接地汇流排。室外摄像机信号控制线输入、输出端口应设置信号线路电涌保护器，其他通信线路也应设置相应的防雷保护措施。

站房外部根据工况可配置接地装置、引下线和接闪器，站房外防雷接地材料及防直击雷的外部防雷装置的保护范围应符合《建筑物防雷设计规范》（GB 50057—2010）的要求，防感应雷和防直击雷共用接地装置时，接地电阻应不大于 4Ω。

（3）消防模块

站房内要配置便携式气体灭火器、自动灭火装置、烟雾传感器、温度传感器，以实现消防信息（烟雾、温度）的采集、报警。

（4）安防模块

站房应配置主动红外装置、振动传感器、声光报警器，未授权人员进入或恶意破坏时具有报警功能。配置门禁系统，具备出入站记录、多重权限管理、非法开门报警功能。配置漏液开关，积水后，实现现场和远程报警，积水报警有效值不大于15mm。

（5）视频模块

站房内应配置1套固定摄像机，1套硬盘录像机，站房周边可配置1套云台摄像机或固定摄像机，宜优先采用云台摄像机，采水口可配置1套固定摄像机。云台摄像机可水平360°旋转，竖直0°～90°旋转，具备云台操作功能，可对视角、方位、焦距进行调整，实现全方位、多视角、无盲区、全天候式监控。

视频信息要具备现场存储功能，存储周期应不低于30日，现场网络条件具备时，应采用宽带实现视频信息的实时传输。

（6）实验台

站房内宜配置防酸碱化学实验台和洗涤台。实验台长度不小于0.8m，宽度不小于0.6m；洗涤台长度不小于0.7m，宽度及高度与实验台相同。

（7）办公台

站房内可配置办公台，办公台长度不小于0.8m，宽度不小于0.6m。

3. 水上固定平台站和水上浮标（船）站辅助单元

（1）供电

蓄电池要具有交直流两用功能。应配备交流电（220V）、太阳能、风光互补等多种供电接口，满足24h不间断供电。采用太阳能和风光互补供电方式时，供电系统需支持更换蓄电池或接入交流电（220V），以保证电力供应正常。

（2）安防

浮船应加装避雷系统，以避免被雷击而损坏设备；系统和供电单元应设置防雷设施，包含船体、电源、信号三级电源防雷和通信防雷，并符合防雷规范的要求；应具备警示灯和具备自动移位报警功能的全球定位系统；应具备舱室漏水报警设备；每条浮船应配备3套以上的水上救生用品（救生衣和救生圈）。

（3）视频监控单元

应具备实时远程监控功能，可实现全方位、多视角、全天候式监控；当出现非法闯入时，报警系统应能唤醒摄像机进行视频录制并获取监控区域内清晰的监控图像；视频监控前端存储，至少要满足1个月的存储能力。视频监控设备要求：最低分辨率为1280×960，可输出实时图像；配备高效红外灯，照射距离不少于20m；具有手机远程监控功能；具有移动侦测、动态分析、越界侦测和区域入侵侦测报警功能。

任务四 认识数据采集与传输单元

数据采集和传输要求能够按照分析周期自动运行,并实现远程控制、自动加密与备份。采集装置按照国家标准采用统一的通信协议,以有线或无线的方式实现数据及主要状态参数的传输。

地表水自动监测仪器通信协议技术要求(试行)

一、采集与存储

数据处理与传输单元应具备以下采集与存储功能。

① 十二通道以上模拟量采集功能。

② 数据采集精度≥32bit,采集频率≥10Hz。

③ 断电后能自动保护历史数据和参数设置。

④ 自动记录并分类数据采集异常信息,便于用户全面管理数据;不同监测点可以灵活设置不同监测项目。

⑤ 当现场工控机停电、损坏、不运转的时候,数据采集系统必须在一定时间内保证正常的数据采集和传输,保证系统运行不受现场工控机的影响。

⑥ 数据采集器有时间调节和控制窗口,以保证数据采集器、PLC控制系统、仪器时钟行走时间一致,保证全系统步调一致。

⑦ 能够使用水质自动站现场配置的基于TCP/IP的传输网络(GPRS、4G、ADSL等)与省级数据平台连接,实现与中心服务器端的信息交互。

⑧ 要加强对数据的有效性辨析,必须对每条监测数据赋予标识记录。数据和其数据标识应同时上传至中心服务器。

⑨ 平均无故障运行时间(MTBF)3000h及以上,具备自检及死机自动恢复功能。能存储5年的小时数据,停电后所存储的数据不会丢失。

⑩ 现场工控机数据的向上备份功能。

二、网络结构示意图

数据处理与传输单元应支持多中心发送机制,至少保证发送至3个上层中心平台。其网络结构示意图如图2.17所示。

三、数据转换器

1. 名称

数据转换器。

项目二 监测站点及相关配套单元

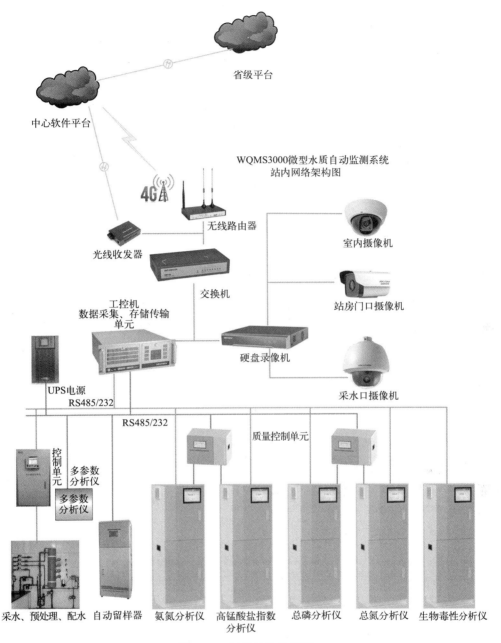

图 2.17 网络结构示意图

2. 功能

(1) 双向传输

为便于配有不同标准串行接口的计算机、外部设备或智能仪器之间进行远程数据通信，就得进行标准串行接口的相互转换，通信距离可延长至 1199m。

(2) 兼容 RS-232、RS-485 标准接口

转换器兼容 RS-232、RS-485 标准，能将单端的 RS-232 信号转换为平衡差分的 RS-

485信号，RS-232端DB9孔形连接器，RS-485端DB9针形连接器，配接线柱。

（3）传输稳定，方便快捷

内置快速的瞬态电压抑制保护器TVS，无须外接电源，内部采用RS-232电荷泵驱动整个电路工作。

（4）稳定运行，防雷保护

电路带有零延时自动收发转换装置，防碰撞的I/O电路自动控制数据流方向，从而确保了在RS-232方式下编写的程序无须更改，便可在RS-485方式下稳定运行，确保适合现有的操作软件和接口硬件。

（5）异步半双工差分传输

两种通信方式：点到点/两线半双工和点到多点/两线半双工，为了防止信号反射和干扰，需在线路的终端接一个匹配电阻（参数为120Ω、1/4W），具体视情况而定。

（6）长距离传输，信号更稳定

传输距离：小于1200m采用RS-485端，15m之内采用RS-232端；传输速率：300b/s～115.2kb/s。

（7）适用于多种设备

适用于PC机、终端设备、工业控制、数字仪表采集、多串口设备、单片机的串行接口等诸多设备。

3. 性能参数

① 工作方式：异步半双工差分传输；

② 产品名称：RS-232转RS-485转换器；

③ 产品型号：DT-9000；

④ 传输速率：300b/s～115.2kb/s；

⑤ 使用环境：温度－20℃到70℃，相对湿度5%到95%；

⑥ 接口兼容：RS-232、RS-485标准；

⑦ 防护等级：RS-485接口每线600W的雷击浪涌保护；

⑧ 外观尺寸：60mm×33mm×17mm；

⑨ 传输介质：双绞线（线径大于或等于0.5mm）或屏蔽线；

⑩ 传输距离：小于1200m采用RS-485端，15m之内采用RS-232端。

四、以太网铁壳交换机

以太网铁壳交换机（图2.18）采用桌面型迷你结构，针对小型工作组而开发设计，端口速度100Mb/s，外置式电源，LED显示端口工作状态，遵循IEEE 802.3标准，网络稳定、快速。

图 2.18　以太网铁壳交换机

1. 类型

SOHO 交换机，非网管型交换机。

2. 功能

① 遵循 IEEE 802.3 以太网和 IEEE 802.3U 快速以太网协议标准；

② 8 个 10/100MBBPS-TX 自适应端口；

③ 所有 10M/100M 端口支持全双工/半双工工作模式；

④ 自动 MDI/MDI-X 线序交叉；

⑤ 1kbMAC 地址空间；

⑥ 1Mbits 帧缓存；

⑦ 存储/转发；

⑧ CRC 校验消减错误帧；

⑨ 支持帧长为 1522byte 的数据帧传输；

⑩ LED 指示灯提供简单的侦测和管理功能。

五、数据处理传输

数控软件架构为 C/S 模式，采用模块化设计，具备功能丰富、灵活的 GUI 交互界面，其后端存储基于关系型数据库，支持与多种软硬件接口的水质分析仪及设备进行互联；能实时采集和展现各种水质参数和监测数据，同时对数据进行阈值分析，给出报警状态，同时软件也可对各类监测仪进行参数设置，调整其工作状态；支持多种标准数据上报接口，与监控中心数据平台软件进行互联，上报各类数据，并响应其下发的控制指令。系统总体结构如图 2.19 所示。

六、通信信道方式

系统支持无线和有线通信方式。其中无线方式包括 GPRS（4G）、GSM 及北斗卫星通信；有线方式包括 ADSL、以太网等。系统还具有现场设置和数据下载 USB 接口。

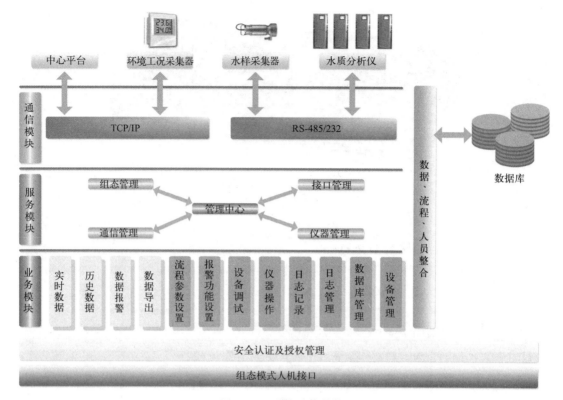

图 2.19　系统总体结构

任务五　数据管理平台及处理软件

数据管理平台集水环境自动监测日常业务管理、水质分析与评价、预报预警、数据考核、公众参与功能于一体，以"统一化、标准化、规范化"的思路统筹管理全市自动监测数据、手工断面数据等，并进行统一存储、统一展现。平台基于"一张图展示、一体化监控"的业务功能实现服务于全市的水环境管理和水环境风险预警功能，大幅提升全市水环境监测数据的分析能力，为业务管理部门掌握当前水环境变化趋势和水污染防治管理工作提供数据支撑。

一、平台功能

1. 地图

地图使用 GIS 地图技术，地图信息可以分类显示自动监测站的地理分布位置、实时统计自动监测站数据采集率和数据有效率等信息。

地图支持多种模式切换，可对自动站进行快速定位，可进行图形放大、缩小、平移等操作。

通过系统中提供的站点信息配合服务，将项目的站点（经度、纬度）定位于地理信息地图上，直观地反映当前站点所在的位置。点击地图上站点图片可弹出浮动层显示当前站点的实时数据和站点信息。

2. 数据管理

包括实时数据、原始数据、历史数据、综合查询、数据审核。

（1）实时数据

根据测点现场定义的上传间隔，得出实时数据值，通过此页面可以查到当前用户下所有监测站点的最近一条数据。

（2）原始数据

现场上传的、未经过任何修约的数据。用户可自己选择站点、时间段对原始数据进行查询和 Excel 导出。

（3）历史数据

经过修约后的原始数据，支持多次修约。用户可自己选择站点、时间段对历史数据进行查询和 Excel 导出。

（4）综合查询

提供更多筛选条件对原始数据和历史数据进行查询。支持的筛选条件包括但不限于站点、因子、时间段、数据类型（原始数据或历史数据）、数据上下限等。

（5）数据审核

提供对历史数据进行修约的功能，通过数据审核可对监测数据进行有效或无效判定，同时对审核操作进行记录。

3. 数据报表

（1）基础报表

包括日报、周报、月报、季报、年报。日报中显示小时均值，周报、月报中显示日均值，季报、年报中显示月均值，各报表均显示最大值、最小值和平均值，并支持 Excel 导出。

（2）多站点表

根据选择的站点（可多选）、因子（可多选）、时间粒度、时间段等条件对监测数据进行快速查询，并呈现出监测数据报表。

（3）定制报表

支持对用户常用的非常规报表进行定制开发。

4. 数据统计

包含基础统计和 K 线图统计。基础统计包括单站多参、多站单参、多站多参、同比、环比。K线图根据站点、监测因子、时间段对监测数据的开始值、结束值、最大值、最小值进行分析，同时对监测值的数据粒度可进行选择，数据粒度包括日、月。

5. 数据分析

（1）采样率

对站点实采数据和应采数据进行采样率统计，并以表格方式对统计结果进行展示。

（2）有效率

根据系统中配置的数据有效限值对数据进行有效率分析统计，并以表格方式对统计结果进行展示。

（3）联网在线率

对所有站点在线、离线进行统计，结果以饼图方式展示。

6. 报警管理

支持报警信息生成配置、报警信息推送等功能。

报警信息生成配置对报警人员信息、监测数据报警规则等信息进行管理。报警信息推送支持平台推送和短信推送等方式。

7. 系统管理

支持对平台的浏览权限、系统基础数据、系统日志等进行维护管理。

权限管理支持不同的用户访问平台，可以具有不同的菜单和站点的访问权限配置。基础数据管理支持对站点信息、监测因子信息等数据进行维护。系统日志提供用户登录系统、修约数据等敏感操作记录。

二、水站各单元运行状态参数实时监控

1. 报警预警功能

平台需要及时以地图图形、声音、图标颜色变化、表格中数值的颜色、手机短信（向预先设定的手机上发送相应的报警信息）等形式提供多样化的报警，并精确地描述超标数值、超标时间。

不同用户登录，依据所属区域和权限，显示本级及以下GIS地图，图形化显示下设水站，出现超标、报警等异常时，在地图中可以直接展现。

（1）污染物曲线图

污染物曲线图包括某项污染物日均值、周均值、月均值、季均值、年均值曲线图，日K线图（记录最大值、最小值）。如图2.20和图2.21所示。

（2）趋势预警

平台自动分析评估监测数据，实时汇总各种项目的数值，及时、准确地掌握监测点

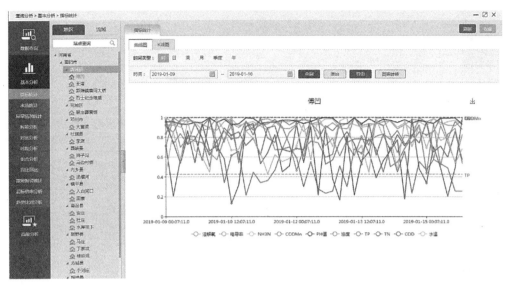

图 2.20　污染物曲线图 1

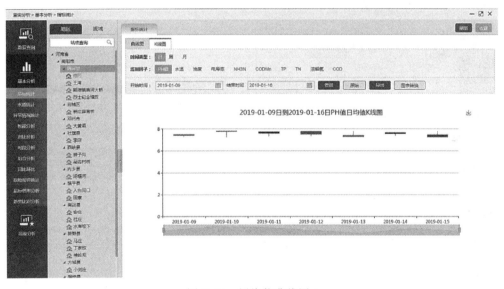

图 2.21　污染物曲线图 2

的动态，对发展趋势过快的情况提前预警。系统提供预警时间设定，由监测部门设定预警时间（比如天、周、月等）。趋势预警界面如图 2.22 所示。

（3）超标报警

当监测数据超出了平台设定的范围（异常大或者异常小）时，平台将数据以异常颜色（如红色）显示，自动跳出对话框，并通过短信发送到运维人员手机，运维人员得到报警信息，经审核确认后上报领导，领导核准后以短信、邮件等形式发送给相关单位及人员。平台应为报警信息设置状态，包括未处理、处理中、已处理，并以不同颜色表示；还可以将一段时间内的报警信息汇总形成报警快报，并可按照区域、时间段进行统

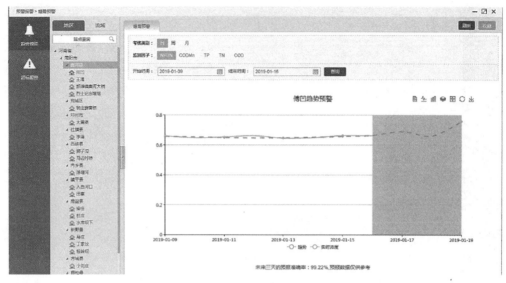

图 2.22　趋势预警界面

计和状态查询。超标报警界面如图 2.23 所示。

图 2.23　超标报警界面

2. 查询分析功能

（1）质量评价

平台提供自定义公式模块，实现对评价指标、评价权重的定义，用户可选择指标、区域、时段等条件并以此为标准实现对各站点、断面、河流、区域地表水的日评价、周评价、月评价、年评价及排名。平台可实现评价结果的保存、修改、删除、打印功能。质量评价界面如图 2.24 所示。

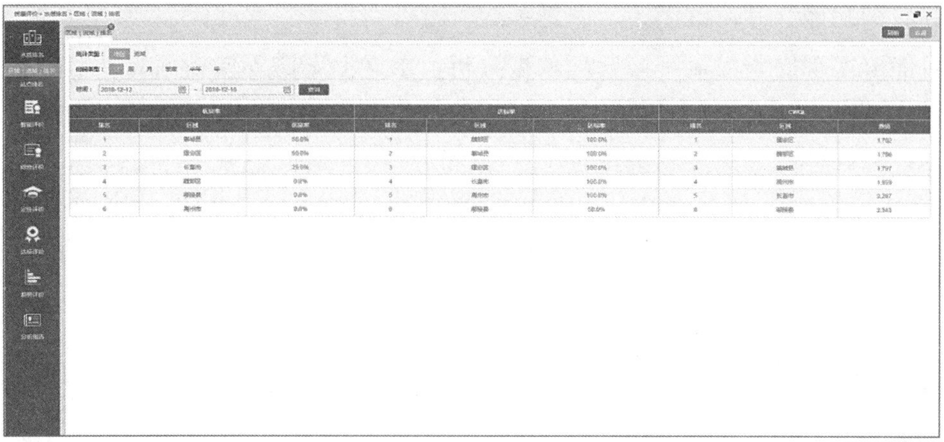

图 2.24 质量评价界面

(2) 查询统计分析

以地表水质量监测为主线，可以查询监测项的基本情况、区（流）域、站点地表水质量状况等。

查询统计分析系统应能实现根据权限查询统计分析的智能化、查询统计分析条件的可选化、结果的多样化，提供自定义组合。可选条件包括区域、时间段、断面、河流等，查询结果可以采用报表、图形、图表等多种方式；平台提供查询结果的保存、打印、删除等功能。具体如下：

① 单项指标查询统计分析功能　平台能实现按照时段（如一周、一月、一年）对全市某单项指标（如总磷）进行统计分析，能够查询出此段时间（如总磷）数据、报警情况，可以图形表示，并根据用户需要提供相关打印、保存及删除功能。如图 2.25 所示。

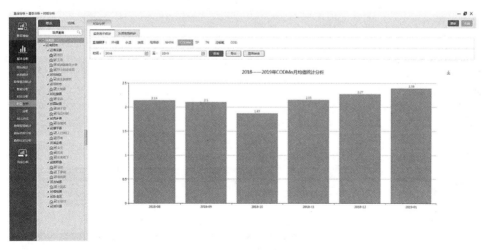

图 2.25 单项指标查询统计分析界面

② 区域日均值查询统计分析功能　平台提供按照区域（行政区域市、县、区等，流域，功能区）、河段（断面）、河流、站点统计查询地表水在一定时段的质量数据（日

均值形式）的功能，并可以图表、图形表现。

平台能够实现同条河流不同断面数据分析，根据上下游不同断面自动监测数据分析污染物进出情况，从而确定是哪个河段有新的排污情况发生，并将结果根据需要进行保存、打印，以邮件等形式发相关单位。

③ 水质评价结果查询功能　平台提供水质评价结果查询功能，实现分河段（断面）、河流和区域，按周、月、季度、全年评价结果、排名进行查询，并可进行打印。如图2.26所示。

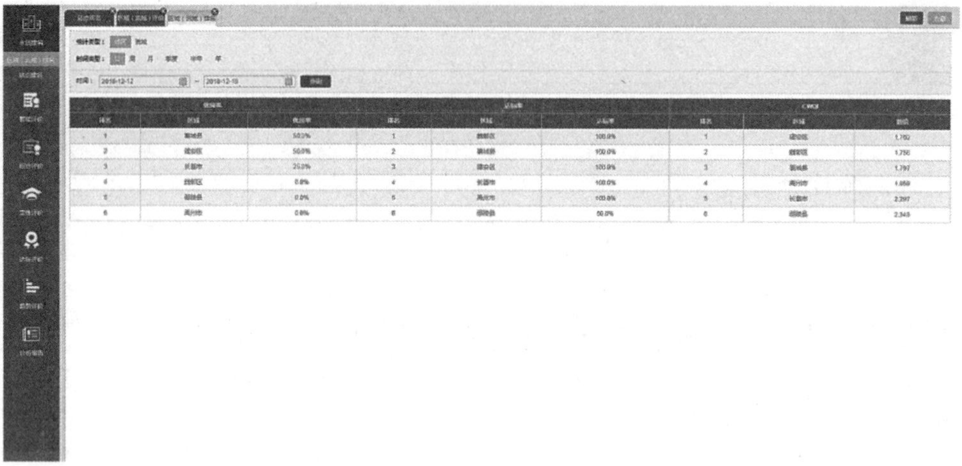

图2.26　评价结果查询界面

④ 对比分析功能　平台能针对某单项指标，某区域、河段、河流、站点，某年、某月、某日均值做对比，分析变化情况，并以图形表示。如系统可对比分析2016年与2017年总磷的变化情况，并将两年日均线在同一坐标系画出。对比分析结果可以保存、删除与打印。对比分析界面如图2.27所示。

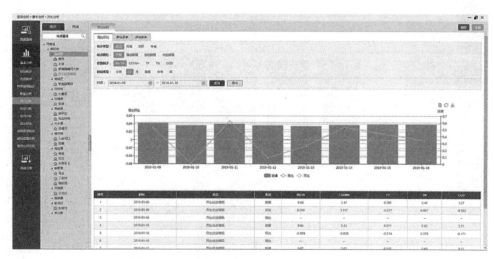

图2.27　对比分析界面

⑤ 时段统计分析功能　平台能按照月份统计分析几年内某几项指标的均值，从而得出相对应的月份（如这几年的1月份数据）数据与图表，并分析出某指标的月份规律，如哪个月份均值偏高、哪个月份均值较低，据此可知道某区域污染情况，如平台可提供以柱状图形式表现某个月总磷均值。

平台实现按照月份统计分析几年内某几项指标的水质类别，从而得出相对应的月份（如这几年的1月份数据）各类天数对比，并可分析出水质好坏的规律，如哪个月份水质好，哪个月份水质差。分析结果能形成报表、图表，可保存、删除与打印。时段统计分析界面如图2.28所示。

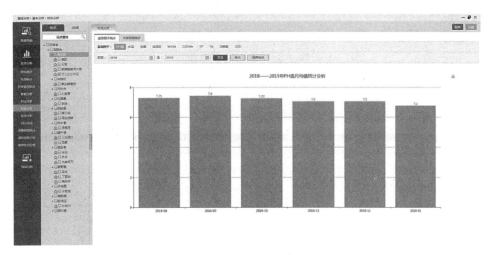

图2.28　时段统计分析界面

⑥ 趋势分析功能　平台可以分析各类水体变化情况，包括分析各断面、水系污染物情况，找出主要污染物，分析其变化趋势，为环境治理和治理效果提供辅助支持，如某断面历年污染物变化趋势，主要污染物及其变化趋势，各类水体变化趋势及水质类别统计分析表等。分析结果以图表形式表现，可保存、打印。趋势分析界面如图2.29所示。

3. 报表功能

（1）报表设计

平台提供报表设计功能，用户可以根据业务需要自行设计报表，设计内容包含监测指标项、数据计算公式、纸张设计、页面布局、字体格式及页码等方面。

（2）报表生成

平台可自动生成需要的报表，报表结果可自行添加文字或进行修改，修改结果可进行保存（图2.30）。

（3）报表发布

平台可以实现在线发布功能，将报表信息如水质周报按照格式要求发布在内外部网

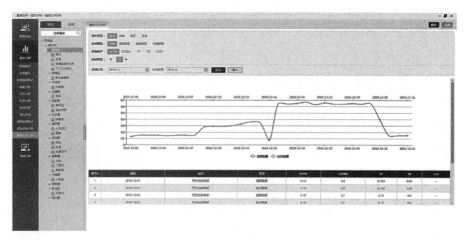

图 2.29 　趋势分析界面

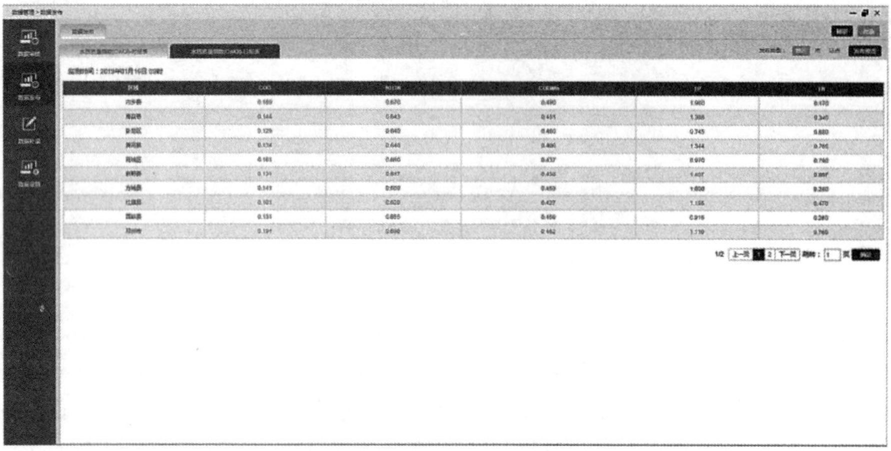

图 2.30 　报表生成界面

站上。

（4）报表打印

平台可实现报表的打印预览、页面设置、打印机设置及打印等基本的打印功能。

（5）报表导出

平台可以按照格式要求将报表导出为 Excel、PDF、Word、RTF 等文件格式。平台涉及报表及其主要内容包括：

① 时间报表　平台可实现任意时段、日、周、月度、季度、半年、年度的有关流域、站点、区域（市、县、区）、各项监测指标的水质监测报表，进行同比、环比及趋势分析，形成对监测数据的图形化显示。如图 2.31 所示。

地表水数据周报告，基本包含站点名称、时间、所在流域、监测数据产生的时间信息、污染物监测指标、参数均值、分项类别、水质类别、主要污染物、相关责任人等信息。

地表水质量月报告，基本包含站点名称、时间、所在流域、监测项目、项目计量单

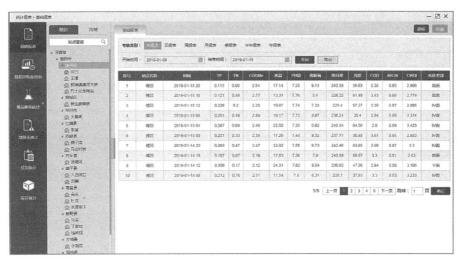

图 2.31　时间报表

位、仪器状况、手工数据、质量控制措施（质控样测定结果、上月比对测定结果）、相关责任人等信息。

② 监测指标项报表　平台可按照流域、区域（市、县、区）、站点、时间段生成各监测指标项报表，包含同比、环比、趋势分析、数据统计等信息，可以生成动态图形，图形简洁美观，能直观地反映出数据的趋势波动。如图 2.32 所示。

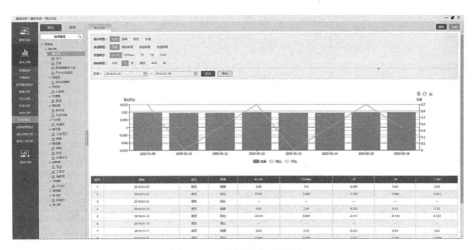

图 2.32　监测指标项报表

③ 区域、流域、站点报表　平台可按时间、监测指标项生成区域（市、县、区）、流域、站点水质统计报表，包含省、市、县断面水质信息，干流、支流水质信息，同比、环比信息等，可以生成动态图形，图形简洁美观，能直观地反映出数据的趋势波动。如图 2.33 所示。

④ 水质监测专项报表　为满足监测业务需要或变化产生的报表（图 2.34）。

⑤ 报警预警及故障情况报表　平台可对时段内区域站点故障情况进行统计分析并

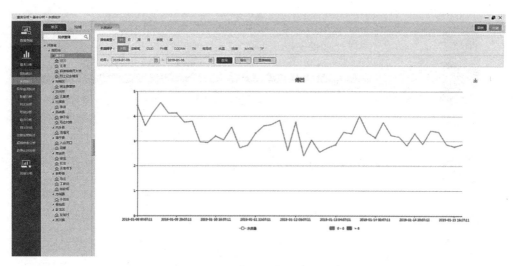

图 2.33　区域、流域、站点报表

图 2.34　水质监测专项报表

形成报表,包括故障统计、故障内容、获取途径、解决情况等基本内容。

平台可对时段内区域报警情况进行统计分析,形成报警预警报表,包括报警统计、预警统计、处理情况统计等基本内容。如图 2.35 所示。

4. 系统设置功能

(1) 组织机构

可以方便地对组织机构进行添加、修改、删除(图 2.36)。

(2) 工作人员

添加、修改、删除工作人员信息,设定所属的组织机构和角色等(图 2.37)。

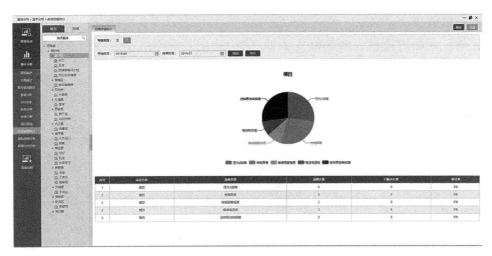

图 2.35 报警预警及故障情况报表

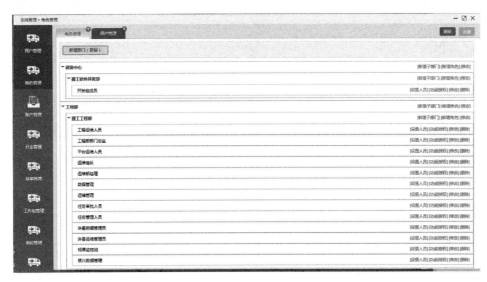

图 2.36 组织机构

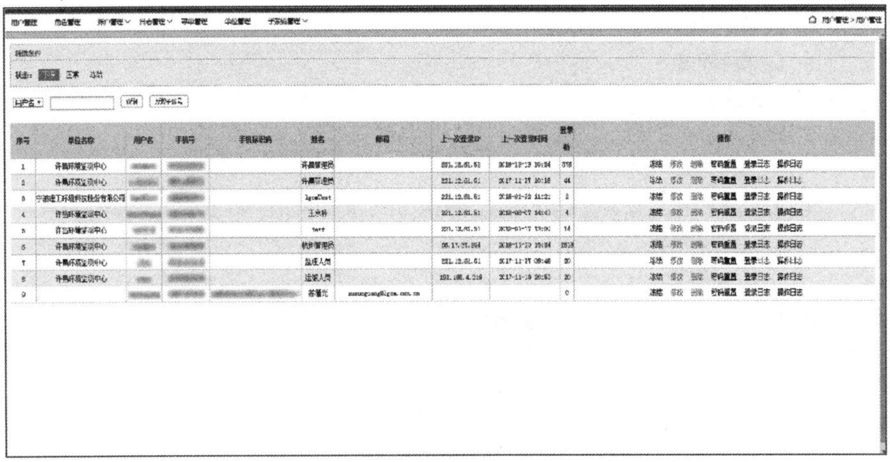

图 2.37 工作人员信息

(3) 角色管理

设置角色,如巡检员、数据审核员等(图2.38)。

图2.38 设置角色管理

(4) 权限设置

包括角色权限配置和人员权限配置;人员自动获取所属角色的权限(图2.39)。

图2.39 权限设置

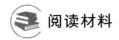 阅读材料

水质自动监测站应用案例

国家水质自动监测系统的运行，充分发挥了实时监控和预警功能。在跨界污染纠纷、污染事故预警、重点工程项目环境影响评估及保障公众用水安全方面已经发挥了重要作用。

2002 年在浙江-江苏的跨省污染纠纷处理过程中，自动站的连续监测数据在监督企业污染治理和防止超标排放方面发挥了重要作用。

长江干流重庆朱沱和宜昌南津关水质自动监测站在 2003 年 5～6 月三峡库区蓄水期间，共取得库区上下游 2520 个水质实时数据，为管理部门的决策提供了有力的依据。

淮河干流淮南、蚌埠及盱眙站成功地全程监控了 2001～2006 年淮河干流大型污染团的迁移过程，为沿淮自来水厂及时调整处理工艺、保证饮水安全提供了依据，为环境管理提供了技术支持。

汉江武汉宗关自动监测站自建立以来，每年对汉江水华的预警监测都发挥了重要作用，及时通知武汉市主要饮用水处理厂提前做好处理，保障水厂出水达标。

2007～2009 年太湖蓝藻预警监测期间，太湖沙渚、西山和兰山嘴水质自动监测站开展了加密监测，通过水质 pH、溶解氧等藻类生长的水质特异性指标预测判断水体的藻类生长状况，为饮用水水质预警提供了大量实时数据，发挥了重要作用。

2008 年四川汶川特大地震发生后，中国环境监测总站立即通过水质自动监测系统远程查看灾区水质状况，将灾区 7 个水质自动监测站的监测频次由原来的 4h 一次调整为 2h 一次，在第一时间分析了地震灾区地震前后水质状况，并将灾区水质无明显变化的情况及时向国务院抗震救灾总指挥部上报，并编制了《汶川大地震后相关国家水质自动监测站水质监测结果》，每天在互联网上发布自动监测结果，为保障灾区饮用水安全、稳定灾区群众发挥了重要作用。

2008 年北京奥运会期间，利用北京密云古北口自动站（密云水库入口）、门头沟沿河城自动站（官厅水库出口）、天津果河桥自动站（于桥水库入口）、沈阳大伙房水库及上海青浦急水港自动站等国家水质自动监测站对城市的饮用水水源实施严密监控，每日以《奥运城市地表水自动监测专报》形式上报环境保护部，为奥运期间饮水安全提供了技术保障。

项目三

常规项目监测

知识目标

1. 了解自动水质监测常规监测项目的组成及特点；
2. 了解高锰酸盐指数水质自动监测仪器的方法原理；
3. 了解氨氮水质自动监测仪器的方法原理；
4. 了解总氮水质自动监测仪器的方法原理；
5. 了解总磷水质自动监测仪器的方法原理；
6. 了解五参数（pH、温度、溶解氧、电导率、浊度）水质在线分析仪的结构和运行原理。

能力目标

1. 掌握高锰酸盐指数水质自动监测仪器定期维护的内容、试剂的配制与更换方法；
2. 掌握氨氮水质自动监测仪器定期维护的内容、试剂的配制与更换方法；
3. 掌握总氮水质自动监测仪器定期维护的内容、试剂的配制与更换方法；
4. 掌握总磷水质自动监测仪器定期维护的内容、试剂的配制与更换方法；
5. 掌握五参数（pH、温度、溶解氧、电导率、浊度）水质在线分析仪操作使用、日常维护、故障处理等内容。

素质目标

1. 培养细致、耐心、科学严谨的工作态度；
2. 培养良好的职业道德，树立正确的职业观。

国家水质自动监测站和地方各站点开展的常规水质监测项目主要有9项：水温、pH值、溶解氧、电导率、浊度、高锰酸盐指数、氨氮、总磷和总氮。本专题主要根据这9个监测项目的特点分为5个任务进行讲解。

任务一 高锰酸盐指数监测

一、学习目标

了解高锰酸盐指数水质自动监测仪器的方法原理,掌握仪器定期维护的内容、试剂的配制与更换方法。

二、学习情境

某水站的高锰酸盐指数水质自动监测仪器需进行定期维护,包括更换全部试剂、更换蒸馏水、更换标准溶液和倾倒废液等工作,现在请你完成相应的定期维护任务并填好记录,任务书如表3.1所示。

表3.1 定期维护任务书

维护任务	配制并更换试剂、更换蒸馏水、更换标准溶液,清洗采样杯和管路
检查意见:	
签章	

三、任务分组

将分组情况填入学生任务分组表中(表3.2)。

表3.2 学生任务分组

班级		组别		指导老师	
组长			学号		
组员	姓名	学号		任务分工	

四、知识准备

1. 方法原理

在水样中加入已知量的高锰酸钾和硫酸,采用95～98℃高温反应消解,高锰酸钾将样品中的污染物(有机物和无机还原性物质)氧化,反应后加入过量的草酸钠还原剩余的高锰酸钾,再用高锰酸钾标准溶液氧化过量的草酸钠,最后通过测定反应室光衰减或ORP电极电位来判定滴定终点,通过与标准曲线的比对,仪器自动计算求得水样中高锰酸盐指数数值。

$$5C_2O_4^{2-} + 2MnO_4^- + 16H^+ =\!=\!= 10CO_2 + 2Mn^{2+} + 8H_2O$$

2. 仪器结构

仪器把水样和试剂注入比色管内进行反应显色,并完成光吸收信号的采集和处理,然后将检测完成后的液体排到废液收集桶中,同时仪器进行高锰酸盐指数的计算并显示结果。仪器主要由操作屏幕、分析单元、试剂单元、通信接口和废液接口等单元组成。如图3.1所示。

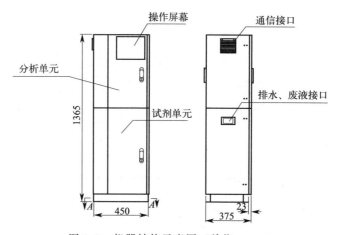

图3.1 仪器结构示意图(单位:mm)

3. 仪器界面

仪器开机后操作界面默认位于主界面,如图3.2所示。

主界面顶部为功能模块切换区域,不同功能模块的功能如下。

① 主界面:显示测量信息、运行信息和当前工作流程。

② 历史数据:查询系统保存的历史数据,包括测试数据、标定数据、质控数据。

③ 报警信息:查询系统保存的系统报警信息。

④ 系统状态:展示仪器的实时状态,并可对仪器的相关部件进行调试。

⑤ 系统设置:查询和设置系统参数。

⑥ 用户登录:输入密码登录系统。

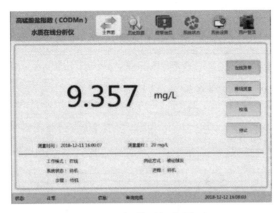

图3.2 仪器开机主界面

主界面中部区域为主要信息区域，主要显示的信息有：
① 测量信息：最后一次的测量结果、测量时间，量程。
② 运行信息：工作模式，启动方式，系统状态，进程，步骤。

主界面右侧区域为测试流程启动区域，点击相应按钮可以启动相应测试流程。具体功能如下。
① 在线测量：启动在线水样测量流程（测试结果自动上传水站控制系统）。
② 离线测量：启动离线水样测量流程（测试结果保存在仪器本地单机）。
③ 校准：启动校准流程。
④ 停止：强制停止当前运行流程。

主界面底部区域为信息提示区域，主要显示的信息如下。
① 状态：显示当前系统实时状态，当仪器报警时该区域会展示最新报警信息。
② 信息：显示仪器操作时的提示信息。
③ 时间：显示当前的系统时间。

4. 应急处理

当仪器测试过程中出现异常，在仪器左侧设置有一个红色急停按钮，按下按钮，仪器断电急停。异常故障处理完成后，通过顺时针旋转左侧红色旋钮，通电开机。

当更换试剂时遇到下列情况，可按此进行应急处理。
① 皮肤接触：立即用大量水冲洗，严重时需及时就医。
② 溅入眼睛：切不可揉眼睛，张开眼睑，立即用流水彻底冲洗并就医。
③ 误服：立即用氧化镁悬浮液、牛奶、豆浆等内服并及时就医。
④ 火灾：用二氧化碳灭火器扑灭火焰后再用石灰、石灰石等中和废酸。

五、工作计划

按照收集的资讯和决策过程，请你制订一个高锰酸盐指数水质自动监测仪器定期维护的工作计划，计划应包括工作内容及分工、所需工具等，并完成表3.3、表3.4。

表 3.3 定期维护工作计划（示例）

序号	工作内容	分工
1	配制试剂、标准溶液	
2	更换试剂	
3	更换标准溶液	
4	更换纯水	
5	清洗采样杯及管路	
6	检查管路	
7	仪器校准	
8	标样核查	
9	填写记录表格	

表 3.4 所需工具、药品及器材清单

序号	名称	型号与规格	单位	数量	领用人

六、实施过程

1. 配制试剂和标准溶液

按表3.5、表3.6准备好相应的药品、器皿和工具。按照以下步骤配制好需要更换的试剂。

[注意] 配试剂使用的化学试剂等级必须是优级纯；配制试剂用水应为不含还原性物质的纯净水。

表 3.5 所需药品规格及用途

药品名称	规格	用途	试剂等级
硫酸	500mL/瓶	配制试剂A	优级纯
高锰酸钾	500g/瓶	配制试剂B	优级纯
草酸钠	基准100g/瓶	配制试剂C、校准标准溶液	优级纯

表 3.6 所需器皿及工具规格

器皿及工具名称	规格
电子天平	0.01g、0.0001g
移液管	2.5mL、5mL
量筒	100mL、500mL
容量瓶	500mL、1000mL
烧杯	500mL、1000mL

(1) 试剂 A（硫酸溶液）

用量筒量取纯水 375mL，加到 500mL 烧杯中，再用量筒量取 125mL 浓硫酸，边搅拌边缓慢加入至烧杯中，冷却至室温，转移至试剂瓶中贴上标签。

(2) 试剂 B（高锰酸钾溶液，0.100g/L）

称取 0.100g 高锰酸钾，转移至 1000mL 烧杯中，用玻璃棒碾碎，加入纯水 500mL，搅拌至完全溶解，定量转移至 1000mL 容量瓶中，定容，摇匀，转移至试剂瓶中贴上标签。

(3) 试剂 C（草酸钠溶液，0.250g/L，pH≈2）

称取 0.125g 草酸钠，转移至 500mL 烧杯中，加入纯水 300mL，搅拌至完全溶解。取 0.50mL 试剂 A 加入溶液中，移入 500mL 容量瓶，定容，摇匀，转移至试剂瓶中贴上标签。

(4) 标准溶液

① 草酸钠标准贮备液（COD_{Mn}＝1000mg/L） 称取 8.375g 草酸钠（$Na_2C_2O_4$ 基准物质，在 120℃干燥 2h，冷却至室温），溶于纯水中，移入 1000mL 容量瓶，定容，混匀，转移至试剂瓶贴上标签，置于 4℃保存。

② 量程标准溶液 根据水质类别配置对应浓度的标样作为量程标准溶液，配置浓度因水质类别变化。

③ 加标准溶液 加标准溶液浓度根据水质类别不同需做对应调整。当被测水样浓度低于分析仪器的 4 倍检出限时，加标准溶液浓度应为分析仪器 4 倍检出限左右浓度，否则加标准溶液浓度为水样浓度的 0.5~3 倍，加标准溶液浓度应尽量与样品待测物浓度相等或相近，加标准溶液体积不得超过样品体积的 1%；水样加标准溶液时应保证加标后的水样浓度与水样在同一量程。

④ 零点标准溶液（COD_{Mn}＝0mg/L） 可采用不含还原性物质的纯净水。

⑤ 校准标准溶液（COD_{Mn}＝5mg/L） 移取 5.00mL 草酸钠标准贮备液（1000mg/L）至 1000mL 容量瓶，定容，混匀后转移至试剂瓶，贴上标签，置于 4℃保存。

2. 更换试剂

仪器的试剂存放单元由试剂 A、试剂 B、试剂 C、零点标准溶液、量程标准溶液、加标准溶液、校准标准溶液、蒸馏水组成。更换时注意按

试剂更换

照试剂存放位置图（图3.3）检查试剂放置是否正确。

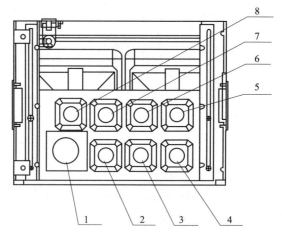

图3.3　试剂存放位置图

1—试剂B试剂瓶；2—试剂C试剂瓶；3—量程标准溶液试剂瓶；4—零点标准溶液试剂瓶；
5—备用；6—加标准溶液试剂瓶；7—试剂A试剂瓶；8—校准标准溶液试剂瓶

更换步骤如下：

① 将需要更换的旧试剂收集到废液桶。

② 用配制好的新试剂涮洗2~3次对应的试剂瓶。

③ 加入新配试剂，盖好瓶盖，接通试剂管路。

④ 进行相应的试剂管路填充工作，操作步骤如下：

a. 主界面选择"系统状态"；

b. 系统状态界面选择"运维调试"；

c. 在试剂填充界面（图3.4），选择相应的试剂进行填充。

图3.4　仪器试剂填充界面

3. 更换标准溶液

① 将需要更换的旧标准溶液收集到废液桶。

② 用标准溶液洗 2～3 次对应的试剂瓶。

③ 加入新的标准溶液，盖好瓶盖，接通试剂管路。

④ 进行相应的加标准溶液、量程液管路填充工作（步骤同试剂更换）。

4. 更换纯水

① 将需要更换的纯水收集到废液桶。

② 用纯水洗 2～3 次对应的试剂瓶。

③ 加入纯水，盖好瓶盖，接通试剂管路。

④ 进行纯水管路填充工作（步骤同试剂更换）。

5. 清洗采样杯

① 将仪器切换至待机状态，排出水样杯内剩余水样。

② 取下水样杯，用试管刷进行清洁。

③ 用纯水或自来水冲洗干净后将水样杯装回，检查无漏水现象。

清洗采样杯

6. 检查管路

按照标签依次检查所有线材、管路和试剂瓶是否正确、完整，试剂瓶盖是否盖好。

7. 校准仪器

全部更换完毕并检查无误，按照以下步骤进行一次仪器校准工作。

① 主界面选择"主界面"。

② 主界面中部区域选择"校准"，仪器会自动进行一次校准。

③ 校准完成后选择"系统状态"，选择"系统状态四"（图 3.5）。在校准信息功能区域中，会实时展示最新的校准数据以及校准数据的有效性。

④ 如仪器校准显示有效，则试剂更换成功；否则应检查相应管路连接是否正确，试剂放置是否正确，试剂配制是否准确。

8. 核查标样

为判断维护工作是否正确完成，仪器是否正常工作，需用已知浓度的标准溶液进行 1 次标样核查，操作步骤如下：

① 将零点标准溶液试剂瓶的管路取出，插入放置已知浓度的标准溶液试剂瓶。

② 进行零点管路填充工作 2～3 遍（步骤同试剂更换）。

③ 进行标样核查工作，操作步骤如下：

a. 主界面选择"系统状态"；

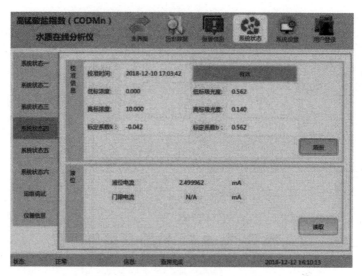

图 3.5 仪器"系统状态四"界面

b. 系统状态界面选择"运维调试";

c. 在流程调试界面（图 3.6），选择"标液核查"。

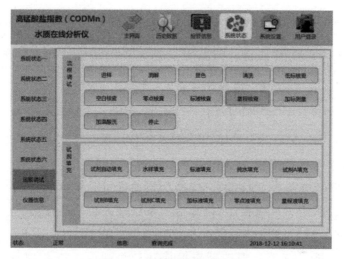

图 3.6 仪器流程调试界面

④ 标样核查结束仪器会显示相应的结果，并计算其与真值的相对误差。

9. 填写记录表格

将试剂更换情况填入试剂更换表格（表 3.7）。

表 3.7 试剂更换表格

监测项目	试剂名称	有效期检查	配制人员	配制日期	更换人员	更换日期

续表

监测项目	试剂名称	有效期检查	配制人员	配制日期	更换人员	更换日期

七、常见问题及处理

常见问题、可能原因及处理措施见表3.8。

表3.8 常见问题、可能原因及处理措施

序号	常见问题	可能原因	处理措施
1	测量结果异常	校准曲线错误	重新校准
		试剂余量不足	补充试剂
		试剂被污染或配置错误	更换新的试剂
		管路或消解管被污染	清洗管路和消解管
		其他故障	请联系客服人员处理
2	水样或试剂加样异常	样品或试剂管路连接不良,硬管翘起在液面上	正确连接管路
		样品或试剂管道堵塞或破损	清洗或更换管路
		管路破损或连接不良	重新连接或更换管路
		其他部件故障	请联系客服人员处理
3	通信失败	通信线路连接错误	正确连接通信线缆
		485通信异常	检查MODBUS地址设置是否正确
		系统集成商未正确集成仪器通信协议	联系系统集成商解决
		其他故障	请联系客服人员处理
4	校准超时报警	校准超时	检查校准数据设置是否正确;检查对应的样品量是否充足
5	测量室/反应室温度报警	加热控制电路损坏,温度传感器损坏	更换加热控制电路、温度传感器
6	控制器温度报警	部分元件温度过高	重启仪器
7	蒸馏水报警	蒸馏水检测故障	检查蒸馏水是否充足;检查蒸馏水设置是否正确
8	空白超时报警	空白超时	检查空白数据设置是否正确;检查对应的样品量是否充足
9	报警提示	系统其他报警	重启仪器
10	测值不稳定	液路故障;注射器需要更换	检查试剂及纯水是否过期或被污染;检查测量室是否干净、清洗;检查折射泵能否回到原位;检查排液是否通畅;更换注射器

若发现仪器故障需对仪器设备进行备件更换时必须断开设备主供电以确保更换部件时不会发生触电危险。

更换普通备件后应进行标样核查工作,关键部件更换后需对仪器进行多点线性核查保障仪器正常运行。

八、运行维护流程

为确保测试数据的有效性和真实性,仪器设备应定期进行相应的质控手段,包括准确度、精密度、检出限、校准曲线、加标回收率、水样比对、零点漂移、量程漂移检查以及仪器校准等质控手段。

每日上午、下午通过数据平台软件远程调看水站监测数据一次,根据情况组织开展巡检、核查、维修等工作,确保仪器设备正常、安全地运行。

每日上午应通过平台查看当日零点及量程核查和漂移率是否符合质控要求,若不满足要求或漂移率较大需运维人员到达现场对仪器进行检查及仪器校准,不合格的质控需进行现场补录。

每周应对仪器进行周质控测试,测试零点和量程液以外标准溶液是否满足质控要求,必要时进行仪器检查及校准。每周检查仪器废液桶废液量,定时清空废液桶。

每月应对仪器试剂和标准溶液进行一次更换,更换完后对仪器进行曲线校准,直至校准曲线满足要求。每月对仪器至少进行一次集成干预、多点线性以及水样比对工作。

每季度应检查仪器检测池、管路、定量模块清洁情况;定时清洗上述部件,必要时更换耗件。检查仪器各阀门,包括十通阀、三通阀、电磁阀,必要时进行维修或更换。

另外,还要不定时接受管理部门国家标准物质盲样抽查。

除质控措施外,运维人员每周到达现场后需对仪器各耗件、配套部件、试剂余量进行查看,发现故障及时处理,试剂余量不足时及时补充。如若短时间停机(停机时间小于24h),一般关机即可,再次运行时仪器须重新校准。若长时间停机(连续停机时间超过24h),或监测仪停止测量样品超过24h,会影响仪器测量精度和稳定性,为避免仪器再次测量时出现问题,请按如下步骤进行操作:进入用户菜单里的"单步测试"中选择测量后清洗,用蒸馏水清洗泵;排空测量室内的废水;关闭进样阀;关闭仪器电源。当仪器再次开机,重新测量样品时,必须重新填充试剂,确保新鲜的试剂溶液充满管路,并用大量的蒸馏水清洗测量室。然后进行高低标各两次标定,再进行样品测量,确保仪器测量的准确性。如果仪器停机时间超过15d,应仔细观察注射泵的运转是否正常、仪器的测量过程和测量值是否正确,发现问题及时排除。若长时间停机无法恢复时应更换备机,直至设备恢复正常。

九、耗件更换

1. 电磁阀、三通阀、十通阀更换

更换前将阀体控制液路中的液体排空,更换耗件时断开仪器供电,将阀体连接管路以及供电线路取下(务必记住对应管路和电线位置)后取出阀体固定螺钉,取下阀体,

将新阀体接回管线并用固定螺钉固定后，开机测试阀体工作情况以及密闭性。

2. 检测器更换

更换前将检测器内液体排空，更换耗件时断开仪器供电，将检测器上下管路以及检测器供电温感线路取下（务必记住对应管路和电线位置）后取下上端固定模块，将检测器从下往上取出，取出时注意检测器上下端均有密封垫圈。将新检测器从上往下进行安装，安装时密封垫圈必须对准检测器上下口。安装完成后按要求将检测器管线接至对应位置，开机测试检测器密闭性以及加热功能。

3. 注射器更换

更换前将注射器位置复位，复位后断开仪器供电，将注射器连接管路以及供电线路取下（务必记住对应管路和电线位置）后取出固定螺钉，将注射器取下，将新注射器接回管线并用固定螺钉固定后开机，在仪器调试界面将注射器位置再次复位，复位完成后测试注射器密闭性。

4. 管路更换

更换前将管路液体排空后取下管路连接接头，新管路截取合适长度后将接头重新安装回对应接头处。

十、评价反馈

本次任务完成后，请参考表3.9小组评价表开展自评，然后交小组长评价，最后由指导教师进行评价。

表3.9 高锰酸盐指数水质自动监测仪器定期维护学习情境小组评价表

序号	检查项目	评定参考标准	评价			备注
			自评	小组	教师	
1	试剂配制	试剂配制操作规范				
2	试剂更换	能正确按照步骤操作，能将各类试剂放置到正确位置，正确进行试剂填充操作				
3	记录表格	记录表格正确，清晰明了，无随意涂改痕迹（应采用杠改）				
4	清洗水样杯	水样杯无明显水珠或挂壁现象				
5	仪器校准	试剂更换后，校准结果有效				
6	标样核查	测试结果在±10%误差范围内				
7	安全	操作期间正确佩戴防护用品，无事故				
8	文明	任务完成后及时清洗用具、仪器				

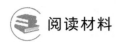
阅读材料

高锰酸盐指数（COD_{Mn}）指标的意义

以高锰酸钾为氧化剂，处理地表水样时所消耗氧化剂的量，以氧的 mg/L 来表示。在此条件下，水中的还原性无机物（亚铁盐、硫化物等）和有机污染物均可消耗高锰酸钾，所以该指标常被作为地表水受有机污染物污染程度的综合指标。高锰酸盐指数多用于测定地表水、饮用水和生活污水，不适用于工业废水。该指标也被称为化学需氧量的高锰酸钾法，以区别废水排放监测中化学需氧量的重铬酸钾法（COD_{Cr}）。

任务二　氨氮监测

一、学习目标

了解氨氮水质自动监测仪器的方法原理，掌握仪器定期维护的内容、试剂的配制与更换方法。

二、学习情境

某水站的氨氮水质自动监测仪器需进行定期维护，包括更换全部试剂、更换蒸馏水、更换标准溶液和倾倒废液等工作，现在请你完成相应的定期维护任务并填好记录，任务书如表 3.10 所示。

表 3.10　定期维护任务书

维护任务	配制并更换试剂、更换蒸馏水、更换标准溶液，清洗采样杯和管路
检查意见：	
签章	

三、任务分组

将分组情况填入表 3.11 中。

表 3.11 学生任务分组

班级		组别		指导老师	
组长				学号	
组员	姓名	学号	任务分工		

四、知识准备

1. 方法原理

在亚硝基铁氰化钠存在下，水中的氨、铵离子在碱性溶液中与水杨酸盐和次氯酸离子反应生成蓝色化合物，于波长 660nm 处测量吸光度，扣除浊度后通过与标准曲线的比对，计算求得氨氮浓度值。采用双光束光度计测量水中氨氮的浓度，通过参比光束的测量，仪器消除了样品中浊度对测量结果的干扰，从而提高了测量精度。

2. 仪器结构

仪器主要由操作屏幕、分析单元、试剂单元、通信接口和废液接口等组成（图 3.7）。仪器采用顺序注射技术，使用一个注射泵和一个八通道选向阀，并按照测量原理的顺序，把水样和显色剂注入比色管内进行显色，并完成光吸收信号的采集和处理，然后将检测完成后的液体通过注射泵和八通道选向阀排到废液收集桶中，同时仪器进行氨氮浓度的计算和最终结果的显示输出。

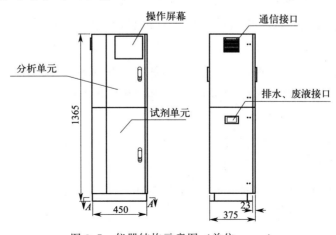

图 3.7 仪器结构示意图（单位：mm）

3. 仪器界面

仪器开机后操作界面默认位于主界面，如图3.8所示。

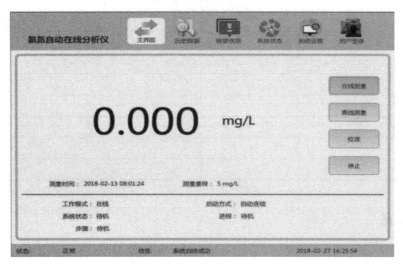

图3.8 仪器开机主界面

主界面顶部为功能模块切换区域，不同功能模块的功能如下：

① 主界面：显示测量信息、运行信息和当前工作流程。

② 历史数据：查询系统保存的历史数据，包括测试数据、标定数据、质控数据。

③ 报警信息：查询系统保存的系统报警信息。

④ 系统状态：展示仪器的实时状态，并可对仪器的相关部件进行调试。

⑤ 系统设置：查询和设置系统参数。

⑥ 用户登录：输入密码登录系统。

主界面中部区域为主要信息区域，主要显示的信息有：

① 测量信息：最后一次的测量结果，测量时间，测量量程。

② 运行信息：工作模式，启动方式，系统状态，进程，步骤。

主界面右侧区域为测试流程启动区域，点击相应按钮可以启动相应测试流程。具体功能如下：

① 在线测量：启动在线水样测量流程（测试结果自动上传水站控制系统）。

② 离线测量：启动离线水样测量流程（测试结果保存在仪器本地单机）。

③ 校准：启动校准流程。

④ 停止：强制停止当前运行流程。

主界面底部区域为信息提示区域，主要显示信息如下。

① 状态：显示当前系统实时状态，当仪器报警时该区域会展示最新报警信息。

② 信息：显示仪器操作时的提示信息。

③ 时间：显示当前的系统时间。

4. 应急处理

当仪器测试过程中出现异常，在仪器左侧设置有一个供电开关按钮，按下按钮，仪器断电急停。异常故障处理完成后，通过供电开关旋钮，通电开机。

当更换试剂时遇到下列紧急情况，可按此进行应急处理。

① 皮肤接触：立即用大量水冲洗，严重时要及时就医。

② 溅入眼睛：切不可揉眼睛，张开眼睑，立即用流水彻底冲洗，并就医。

③ 误服：立即用氧化镁悬浮液、牛奶、豆浆等内服，情况严重时立即就医。

④ 火灾：用二氧化碳灭火器扑灭火焰后再用石灰、石灰石等中和废酸。条件允许的情况下立即切断供电总电源。

五、工作计划

按照收集的信息和决策过程，请你制订氨氮水质自动监测仪器定期维护的工作计划，计划应包括工作内容及分工、所需工具等，并完成表 3.12、表 3.13。

表 3.12　定期维护工作计划

序号	工作内容	分工
1	配制试剂、标准溶液	
2	更换试剂、纯水	
3	更换标准溶液	
4	废液处理	
5	清洗采样杯及管路	
6	检查管路	
7	仪器校准	
8	标样核查、性能测试	
9	填写记录表格	

表 3.13　所需工具、药品及器材清单

序号	名称	型号与规格	单位	数量	领用人

六、实施过程

1. 配制试剂和标准溶液

按表3.14、表3.15准备好相应的药品、器皿和工具。按照以下步骤配制好需要更换的试剂。

[注意] 配试剂使用的化学试剂等级必须是优级纯；配制试剂用水应为不含还原性物质的纯净水。

表 3.14 所需药品规格及用途

药品名称	规格	用途
水杨酸钠	250g/瓶	配制试剂 A
亚硝基亚铁氰化钠	500g/瓶	配制试剂 A
二氯异氰尿酸钠	500g/瓶	配制试剂 B
氢氧化钠	500g/瓶	配制试剂 B
二水合柠檬酸三钠	500g/瓶	配制试剂 C
氯化铵	500g/瓶	配置标准校准液

表 3.15 所需器皿及工具规格

器皿及工具名称	规格
电子天平	0.01g、0.0001g
移液管	2.5mL、5mL
量筒	100mL
容量瓶	500mL、1L
烧杯	250mL、500mL、1L
玻璃棒	长300mm,直径6mm
洗瓶	500mL
洗耳球	90mL

（1）试剂 A

称取34.0g水杨酸钠和0.4g亚硝基亚铁氰化钠，放入1L的烧杯中。加入大约700mL纯水，使之完全溶解，转移至1L容量瓶中，用纯水定容，摇匀，转移至试剂瓶中贴上标签。

（2）试剂 B

称取二氯异氰尿酸钠0.8g和氢氧化钠10g，放入1L的烧杯中。加入大约700mL纯水，使之完全溶解。移入1L容量瓶中，用纯水定容，摇匀，转移至试剂瓶中贴上标签。

（3）试剂 C

称取二水合柠檬酸三钠40g，放入1L的烧杯中。加入大约700mL纯水中，使之完全溶解。移入1L容量瓶中，用纯水定容，摇匀，转移至试剂瓶中贴上标签。

（4）标准溶液

① 氨氮标准母液（1000mg/L） 在105℃的条件下干燥氯化铵2h，放置在干燥器中冷却。准确称取3.8190g氯化铵，转移至250mL烧杯中，加纯水100mL，搅拌溶解，全部转移至1L容量瓶中，用纯水稀释至标线，摇匀，转移至试剂瓶中，贴上标签，4℃保存。

② 氨氮标准溶液（5.00mg/L） 用移液管吸取5.00mL的氨氮标准母液至1L容量瓶中，用纯水稀释至标线，摇匀。转移至试剂瓶中贴上标签。

③ 零点标准溶液 移取8L纯水至10L纯水桶中。

④ 量程标准溶液 根据水质类别配置对应浓度的标准溶液作为量程标准溶液，配置浓度随水质类别变化。

⑤ 加标准溶液 加标准溶液浓度根据水质类别做对应调整。当被测水样浓度低于分析仪器的4倍检出限时，加标准溶液浓度应为分析仪器4倍检出限左右浓度，否则加标准溶液浓度为水样浓度的0.5～3倍，加标准溶液浓度应尽量与待测水样浓度相等或相近，加标准溶液体积不得超过样品体积的1%；应保证加标后水样浓度测试时与水样测试在同一量程。

2. 更换试剂

仪器的试剂存放单元由试剂A、试剂B、试剂C、零点标准溶液、量程标准溶液、加标准溶液、校准标准溶液、蒸馏水组成。更换时注意按照试剂存放位置图（图3.9）检查试剂放置是否正确。更换步骤如下。

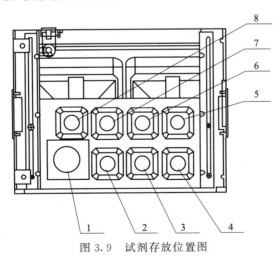

图3.9 试剂存放位置图

1—试剂A试剂瓶；2—试剂C试剂瓶；3—量程标准溶液试剂瓶；4—零点标准溶液试剂瓶；
5—备用瓶；6—加标准溶液试剂瓶；7—试剂B试剂瓶；8—校准标准溶液试剂瓶

① 将需要更换的旧试剂收集到废液桶。

② 用配制好的新试剂淌洗2～3次对应的试剂瓶。

③ 加入新配试剂，盖好瓶盖，接通试剂管路。

④ 进行相应的试剂管路填充工作，如图 3.10 所示，操作步骤如下：

a. 主界面选择"系统状态"；

b. 系统状态界面选择"运维调试"；

c. 在试剂填充界面（图 3.10），选择相应的试剂进行填充。

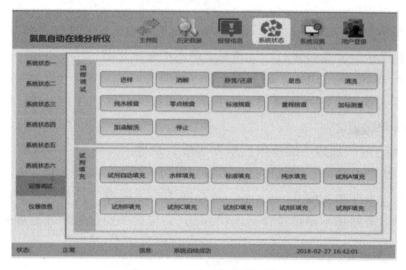

图 3.10 仪器试剂填充界面

3. 更换标准溶液

① 将需要更换的旧标准溶液收集到废液桶。

② 用标准溶液洗 2~3 次对应的试剂瓶。

③ 加入新的标准溶液，盖好瓶盖，接通试剂管路。

④ 进行相应的加标准溶液、量程液管路填充工作（步骤同试剂更换）。

4. 更换纯水

① 将需要更换的纯水收集到废液桶。

② 用纯水洗 2~3 次对应的试剂瓶。

③ 加入纯水，盖好瓶盖，接通试剂管路。

④ 进行纯水管路填充工作（步骤同试剂更换）。

5. 清洗采样杯

① 将仪器切换至待机状态，排出水样杯内剩余水样。

② 取下水样杯，用试管刷进行清洁。

③ 用纯水或自来水冲洗干净后将水样杯装回，检查无漏水现象。

6. 检查管路

按照标签依次检查所有线材、管路和试剂瓶是否正确、完整，试剂瓶盖是否盖好。

7. 校准仪器

全部更换完毕并检查无误，按照以下步骤进行一次仪器校准工作。

① 主界面选择"主界面"。

② 主界面中部区域选择"校准"，仪器会自动进行一次校准。

③ 校准完成后选择系统状态界面，选择"系统状态四"（图 3.11）。在校准信息功能区域中，会实时展示最新的校准数据以及校准数据的有效性。

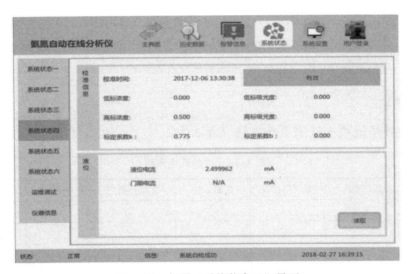

图 3.11 仪器"系统状态四"界面

④ 如仪器校准显示有效，则试剂更换成功；否则应检查相应管路连接是否正确，试剂放置是否正确，试剂配制是否准确。

8. 核查标样

为判断维护工作是否正确完成，仪器是否正常工作，需用已知浓度的标准溶液进行 1 次标样核查，操作步骤如下：

① 将零点标准溶液试剂瓶的管路取出，插入放置已知浓度的标准溶液试剂瓶。

② 进行零点管路填充工作 2~3 遍（步骤同试剂更换）。

③ 进行标样核查工作，操作步骤如下：

a. 主界面选择"系统状态"；

b. 系统状态界面选择"运维调试"；

c. 在流程调试界面（图 3.12），选择"标液核查"。

④ 标样核查结束仪器会显示相应的结果，计算其与真值的相对误差。

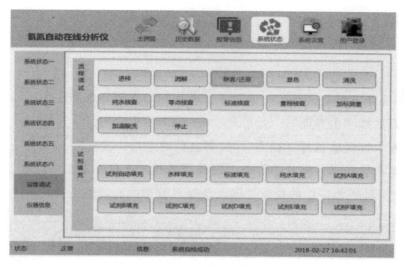

图 3.12 仪器流程调试界面

9. 填写记录表格

将试剂更换情况填入试剂更换表格（表 3.16）。

表 3.16 试剂更换表格

监测项目	试剂名称	有效期检查	配制人员	配制日期	更换人员	更换日期

七、常见问题及处理

常见问题及其可能原因、处理措施见表 3.17。

表 3.17 常见问题及其可能原因、处理措施

序号	常见问题	可能原因	处理措施
1	测量结果异常	校准曲线错误	重新校准
		试剂余量不足	补充试剂
		试剂被污染或配置错误	更换新的试剂
		管路或消解管被污染	清洗管路和消解管
		其他故障	请联系客服人员处理

续表

序号	常见问题	可能原因	处理措施
2	水样或试剂加样异常	样品或试剂管路连接不良,硬管翘起在液面上	正确连接管路
		样品或试剂管道堵塞或破损	清洗或更换管路
		管路破损或连接不良	重新连接或更换管路
		其他部件故障	请联系客服人员处理
3	通信失败	通信线路连接错误	正确连接通信线缆
		485通信异常	检查MODBUS地址设置是否正确
		系统集成商未正确集成仪器通信协议	联系系统集成商解决
		其他故障	请联系客服人员处理
4	校准超时报警	校准超时	检查校准数据设置是否正确;检查对应的样品量是否充足
5	测量室/反应室温度报警	加热控制电路损坏,温度传感器损坏	更换加热控制电路、温度传感器
6	控制器温度报警	部分元件损坏温度过高	重启仪器
7	蒸馏水报警	蒸馏水检测故障	检查蒸馏水是否充足;检查蒸馏水设置是否正确
8	空白超时报警	空白超时	检查空白数据设置是否正确;检查对应的样品量是否充足
9	报警提示	系统其他报警	重启仪器
10	测值不稳定	液路故障;注射器损坏	检查试剂及纯水是否过期或被污染;检查测量室是否干净、清洗;检查折射泵能否回到原位;检查排液是否通畅;更换注射器

若发现仪器故障需对仪器设备进行备件更换时必须断开设备主供电以确保更换部件时不会发生触电危险。

更换普通备件后应进行标样核查工作,关键部件更换后需对仪器进行多点线性核查保障仪器正常运行。

八、运行维护流程

为确保测试数据的有效性和真实性,仪器设备应定期进行相应的质控手段,包括准确度、精密度、检出限、校准曲线、加标回收率、水样比对、零点漂移、量程漂移检查以及仪器校准等质控手段。

每日上午、下午通过数据平台软件远程调看水站监测数据一次,根据情况组织开展巡检、核查、维修等工作,确保仪器设备正常、安全地运行。

每日上午应通过平台查看当日零点及量程核查和漂移率是否符合质控要求,若不满足要求或漂移率较大需运维人员到达现场对仪器进行检查及仪器校准,不合格的质控需进行现场补录。

每周应对仪器进行周质控测试，测试零点和量程液以外标准溶液是否满足质控要求，必要时进行仪器检查及校准。每周检查仪器废液桶废液量，定时清空废液桶。

每月应对仪器试剂和标准溶液进行一次更换，更换完后对仪器进行曲线校准，直至校准曲线满足要求。每月对仪器至少进行一次集成干预、多点线性以及水样比对工作。

每季度应检查仪器检测池、管路、定量模块清洁情况；定时清洗上述部件，必要时更换耗件。检查仪器各阀门，包括十通阀、三通阀、电磁阀，必要时进行维修或更换。

另外，还需不定期接受管理部门国家标准物质盲样抽查。

除质控措施外，运维人员每周到达现场后需对仪器各耗件、配套部件、试剂余量进行查看，发现故障及时处理，试剂余量不足时及时补充。如若短时间停机（停机时间小于 24h），一般关机即可，再次运行时仪器须重新校准。如果长时间停机（连续停机时间超过 24h），或监测仪停止测量样品超过 24h，会影响仪器测量精度和稳定性，为避免仪器再次测量时出现问题，请按如下步骤进行操作：进入用户菜单里的"单步测试"中选择测量后清洗，用蒸馏水清洗泵；排空测量室内的废水；关闭进样阀；关闭仪器电源。当仪器再次开机，重新测量样品时，必须重新填充试剂，确保新鲜的试剂溶液充满管路，并用大量的蒸馏水清洗测量室。然后进行高低标各两次标定，再进行样品测量，确保仪器测量的准确性。如果仪器停机时间超过 15d，应仔细观察注射泵的运转是否正常、仪器的测量过程和测量值是否正确，发现问题及时排除。若长时间停机无法恢复时应更换备机，直至设备恢复正常。

九、耗件更换

1. 电磁阀、三通阀、十通阀更换

更换前将阀体控制液路中的液体排空，更换耗件时断开仪器供电，将阀体连接管路以及供电线路取下（务必记住对应管路和电线位置）后取出阀体固定螺丝，取下阀体，将新阀体接回管线并用固定螺丝固定后开机测试阀体工作情况以及密闭性。

2. 检测器更换

更换前将检测器内液体排空，更换耗件时断开仪器供电，将检测器上下管路以及检测器供电温感线路取下（务必记住对应管路和电线位置）后取下上端固定模块，将检测器从下往上取出，取出时注意检测器上下端均有密封垫圈。将新检测器从上往下进行安装，安装时密封垫圈必须对准检测器上下口。安装完成后按要求将检测器管线接至对应位置，开机测试检测器密闭性以及加热功能。

3. 注射器更换

更换前将注射器位置复位，复位后断开仪器供电，将注射器连接管路以及供电线路取下（务必记住对应管路和电线位置）后取出固定螺丝，将注射器取下，将新注射器接回管线并用固定螺丝固定后开机，在仪器调试界面将注射器位置再次复位，复位完成后

测试注射器密闭性。

4. 更换管路

更换前将管路液体排空后取下管路连接接头,新管路截取合适长度后将接头重新安装回对应接头处。

十、评价反馈

本次任务完成后,请参考表 3.18 小组评价表开展自评,然后交小组长评价,最后由指导教师进行评价。

表 3.18　氨氮水质自动监测仪器定期维护学习情境小组评价表

序号	检查项目	评定参考标准	评价			备注
			自评	小组	教师	
1	试剂配制	试剂配制操作规范				
2	试剂更换	能正确按照步骤操作,能将各类试剂放置到正确位置,正确进行试剂填充操作				
3	废液处理	能正确按照步骤操作,规范地将废液转移至废液桶				
4	记录表格	记录表格正确,清晰明了,无随意涂改痕迹(应采用杠改)				
5	清洗水样杯	水样杯无明显水珠或挂壁现象				
6	仪器校准	试剂更换后,校准结果有效				
7	标样核查	测试结果在±10%误差范围内				
8	安全	操作期间正确佩戴防护用品,无事故				
9	文明	任务完成后及时清洗用具,仪器				

阅读材料

氨氮(NH_3-N)指标的意义

氨氮以溶解状态的分子氨(又称游离氨,NH_3)和铵盐(NH_4^+)的形式存在于水体中,两者的比例取决于水的 pH 值和水温,以 N 元素的含量来表示氨氮的含量。水中氨氮的来源主要为生活污水和某些工业废水(如焦化和合成氨工业)以及地表径流(主要指使农田使用的肥料通过地表径流进入河流、湖库等)。

任务三　总氮监测

一、学习目标

了解总氮水质自动监测仪器的方法原理,掌握仪器定期维护的内容、试剂的配制与更换方法。

二、学习情境

某水站的总氮水质自动监测仪器需进行定期维护，包括更换全部试剂、更换蒸馏水、更换标准溶液和倾倒废液等工作，现在请你完成相应的定期维护任务并填好记录，任务书如表3.19所示。

表3.19 定期维护任务书

维护任务	配制并更换试剂、更换蒸馏水、更换标准溶液,清洗采样杯和管路
检查意见：	
签章	

三、任务分组

将分组情况填入表3.20中。

表3.20 学生任务分组

班级		组别		指导老师	
组长				学号	
组员	姓名	学号		任务分工	

四、知识准备

1. 方法原理

在120~124℃下，碱性过硫酸钾溶液使样品中含氮化合物转化为硝酸盐，采用紫外分光光度法于波长 220nm 和 275nm 处，分别测定反应后溶液的吸光度 A_{220} 和 A_{275}，通过计算得到校正吸光度 A，总氮（以 N 计）含量与校正吸光度 A 成正比。通过与标准曲线的对比，求得水样中总氮（以 N 计）的含量。

仪器把水样和试剂注入比色管内进行反应显色，并完成光吸收信号的采集和处理，然后将检测完成后的液体排到废液收集桶中，同时仪器进行总氮数据的计算和并显示结果。

2. 仪器结构

仪器主要由操作屏幕、分析单元、试剂单元、通信接口和废液接口等单元组成。如图 3.13 所示。

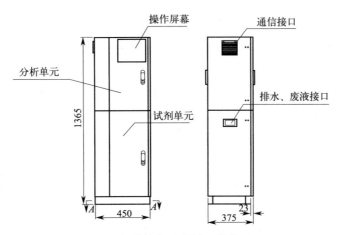

图 3.13　仪器结构示意图（单位：mm）

3. 仪器界面

仪器开机后操作界面默认位于主界面，如图 3.14 所示。

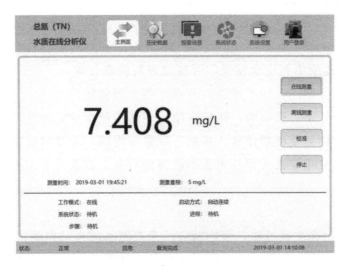

图 3.14　仪器开机主界面

主界面顶部为功能模块切换区域，不同功能模块的功能如下：

① 主界面：显示测量信息、运行信息和当前工作流程。

② 历史数据：查询系统保存的历史数据，包括测试数据、标定数据、质控数据。

③ 报警信息：查询系统保存的系统报警信息。

④ 系统状态：展示仪器的实时状态，并可对仪器的相关部件进行调试。

⑤ 系统设置：查询和设置系统参数。

⑥ 用户登录：输入密码登录系统。

主界面中部区域为主要信息区域，主要显示的信息有：

① 测量信息：最后一次的测量结果，测量时间，量程。

② 运行信息：工作模式，启动方式，系统状态，进程，步骤。

主界面右侧区域为测试流程启动区域，点击相应按钮可以启动相应测试流程。主要功能如下：

① 在线测量：启动在线水样测量流程（测试结果自动上传水站控制系统）。

② 离线测量：启动离线水样测量流程（测试结果保存在仪器本地单机）。

③ 校准：启动校准流程。

④ 停止：强制停止当前运行流程。

主界面底部区域为信息提示区域，主要显示以下信息。

① 状态：显示当前系统实时状态，当仪器报警时该区域会展示最新报警信息。

② 信息：显示仪器操作时的提示信息。

③ 时间：显示当前的系统时间。

4. 应急处理

当仪器测试过程中出现异常，在仪器左侧设置有一个红色急停按钮，按下按钮，仪器断电急停。异常故障处理完成后，通过顺时针旋转左侧红色旋钮，通电开机。

当更换试剂时遇到下列应急情况，可按此进行应急处理。

① 皮肤接触：立即用大量水冲洗，严重时需立即就医。

② 溅入眼睛：切不可揉眼睛，张开眼睑，立即用流水彻底冲洗，并就医。

③ 误服：立即用氧化镁悬浮液、牛奶、豆浆等内服，并及时就医。

④ 火灾：用二氧化碳灭火器扑灭火焰后再用石灰、石灰石等中和废酸。

五、工作计划

按照收集的资讯和决策过程，请你制订一个总氮水质自动监测仪器定期维护的工作计划，计划应包括工作内容及分工、所需工具等，并完成表 3.21、表 3.22。

表3.21　定期维护工作计划

序号	工作内容	分工
1	配制试剂、标准溶液	
2	更换试剂	
3	更换标准溶液	
4	更换纯水	
5	清洗采样杯及管路	
6	检查管路	
7	仪器校准	
8	标样核查	
9	填写记录表格	

表3.22　所需工具、药品及器材清单

序号	名称	型号与规格	单位	数量	领用人

六、实施过程

1. 配制试剂和标准溶液

按表3.23、表3.24准备好相应的药品、器皿和工具。按照以下步骤配制好需要更换的试剂。

[注意] 配试剂使用的化学试剂等级必须是优级纯；配制试剂用水应为不含还原性物质的纯净水。

表3.23　所需药品规格及用途

药品名称	规格	用途	试剂等级
过硫酸钾	500g/瓶	配制试剂A	优级纯
氢氧化钠	500g/瓶	配制试剂B	优级纯
盐酸	500mL/瓶	配制试剂C	优级纯
硝酸钾	500g/瓶	配制校准标准溶液	优级纯

表 3.24 所需器皿、工具规格及用途

器皿及工具名称	规格
电子天平	0.01g、0.0001g
移液管	5mL
量筒	100mL、500mL
容量瓶	500mL、1000mL
烧杯	500mL、1000mL
玻璃棒	长300mm,直径6mm
洗瓶	500mL
洗耳球	90mL

(1) 试剂A（过硫酸钾30.0g/L）

① 称取15.0g过硫酸钾，放入500mL烧杯中，加入纯水300mL，搅拌至完全溶解（如遇不溶，50℃水浴加热至溶解）。

② 定容至500mL，冷却，转移至试剂瓶，贴上标签。

(2) 试剂B（氢氧化钠30.0g/L）

① 称取15.0g氢氧化钠，放入500mL烧杯中，加入纯水300mL，搅拌至完全溶解。

② 定容至500mL，冷却，转移至试剂瓶，贴上标签。

(3) 试剂C（盐酸1+4）

用量筒量取浓盐酸100mL，稀释至500mL，转移至试剂瓶，贴上标签。

(4) 标准溶液

① 总氮标准贮备液（TN=1000mg/L） 称取7.218g硝酸钾（KNO_3，优级纯，在100～110℃干燥3h，冷却至室温），溶于纯水中，移入1000mL容量瓶中，稀释至标线。（可在0～10℃暗处保存1个月，或加入1～2mL三氯甲烷保存，可稳定6个月。）

② 量程标准溶液 根据水质类别配置对应浓度的标液作为量程标液，配置浓度随水质类别变化。

③ 加标准溶液 加标准溶液浓度根据水质类别做对应调整。当被测水样浓度低于分析仪器的4倍检出限时，加标准溶液浓度应为分析仪器4倍检出限左右浓度，否则加标准溶液浓度为水样浓度的0.5～3倍，加标准溶液量应尽量与样品待测物浓度相等或相近，加标准溶液体积不得超过样品体积的1%；应保证加标准溶液浓度测试时与水样测试在同一量程。

④ 零点标准溶液（TN=0mg/L） 可采用不含还原性物质的纯净水。

2. 更换试剂

仪器的试剂存放单元由试剂A、试剂B、试剂C、零点标准溶液、量程标准溶液、加标准溶液、校准标准溶液、蒸馏水组成。更换时注意按照试剂存放位置图（图3.15）检查试剂放置是否正确。更换步骤如下：

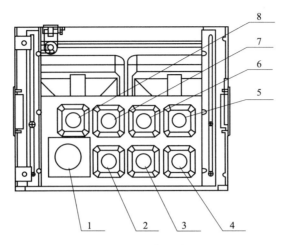

图 3.15 试剂存放位置图

1—试剂 B 试剂瓶；2—试剂 C 试剂瓶；3—量程标准溶液试剂瓶；4—零点标准溶液试剂瓶；
5—备用瓶；6—加标准溶液试剂瓶；7—试剂 A 试剂瓶；8—校准标准溶液试剂瓶

① 将需要更换的旧试剂收集到废液桶。

② 用配制好的新试剂淌洗 2～3 次对应的试剂瓶。

③ 加入新配试剂，盖好瓶盖，接通试剂管路。

④ 进行相应的试剂管路填充工作，操作步骤如下：

a. 主界面选择"系统状态"；

b. 系统状态界面选择"运维调试"；

c. 在试剂填充界面（图 3.16），选择相应的试剂进行填充。

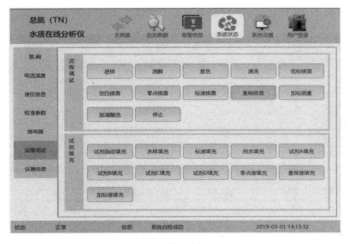

图 3.16 仪器试剂填充界面

3. 更换标准溶液

① 将需要更换的旧标准溶液收集到废液桶。

② 用标准溶液洗 2～3 次对应的试剂瓶。

③ 加入新的标准溶液，盖好瓶盖，接通试剂管路。

④ 进行相应的加标准溶液、量程液管路填充工作（步骤同试剂更换）。

4. 更换纯水

① 将需要更换的纯水收集到废液桶。

② 用纯水洗 2～3 次对应的试剂瓶。

③ 加入纯水，盖好瓶盖，接通试剂管路。

④ 进行纯水管路填充工作（步骤同试剂更换）。

5. 清洗采样杯

① 将仪器切换至待机状态，排出水样杯内剩余水样。

② 取下水样杯，用试管刷进行清洁。

③ 用纯水或自来水冲洗干净后将水样杯装回，检查无漏水现象。

6. 检查管路

按照标签依次检查所有线材、管路和试剂瓶是否正确、完整，试剂瓶盖是否盖好。

7. 校准仪器

全部更换完毕并检查无误，按照以下步骤进行一次仪器校准工作。

① 主界面选择"主界面"。

② 主界面中部区域选择"校准"，仪器会自动进行一次校准。

③ 校准完成后选择系统状态界面，选择"系统状态四"。在校准信息功能区域中，会实时展示最新的校准数据以及校准数据的有效性（图 3.17）。

图 3.17 仪器校准信息界面

④ 如仪器校准显示有效，则试剂更换成功；否则应检查相应管路连接是否正确，

试剂放置是否正确，试剂配制是否准确。

8. 核查标样

为判断维护工作是否正确完成，仪器是否正常工作，需用已知浓度的标准溶液进行1次标样核查，操作步骤如下：

① 将零点标准溶液试剂瓶的管路取出，插入放置已知浓度的标准溶液试剂瓶。
② 进行零点管路填充工作 2～3 遍（步骤同试剂更换）。
③ 进行标样核查工作，操作步骤如下：
  a. 主界面选择"系统状态"；
  b. 系统状态界面选择"运维调试"；
  c. 在流程调试界面（图 3.18），选择"标液核查"。

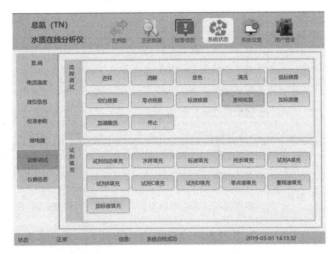

图 3.18　仪器流程调试界面

④ 标液核查结束仪器会显示相应的结果，计算其与真值的相对误差。

9. 填写记录表格

将试剂更换情况填入试剂更换表格（表 3.25）。

表 3.25　试剂更换表格

监测项目	试剂名称	有效期检查	配制人员	配制日期	更换人员	更换日期

七、常见问题及处理

仪器常见问题及其可能原因、处理措施见表 3.26。

表 3.26 常见问题及其可能原因、处理措施

序号	常见问题	可能原因	处理措施
1	测量结果异常	校准曲线错误	检查原因，重新校准
		试剂余量不足	补充试剂
		试剂被污染或配制错误	更换新的试剂
		管路或消解管被污染	清洗管路和消解管
		其他故障	请联系客服人员处理
2	水样或试剂加样异常	样品或试剂管路连接不良，硬管翘起在液面上	正确连接管路
		样品或试剂管道堵塞或破损	清洗或更换管路
		管路破损或连接不良	重新连接或更换管路
		其他部件故障	请联系客服人员处理
3	通信失败	通信线路连接错误	正确连接通信线缆
		485 通信异常	检查 MODBUS 地址设置是否正确
		系统集成商未正确集成仪器通信协议	联系系统集成商解决
		其他故障	请联系客服人员处理
4	多通阀/温控板/数据板通信报警	部件损坏或线路接触不良	检查线路，联系客服人员处理
5	自检电流异常	仪器开机自检时测量电流小于设定值	检查光源电流是否异常或重新设定阈值
6	死机黑屏	软件系统或硬件故障	联系客服人员排查原因处理
7	流程运行异常	仪器软件版本不匹配	检查仪器软件版本信息，联系客服人员核对升级
8	测量值不稳定	注射器或管路漏气；试剂配制有误	更换注射器；重新拧紧或更换管路接头；重新配制试剂或更换药品
9	其他异常	根据报警信息查找原因	根据异常原因制定相应对策

若发现仪器故障需对仪器设备进行备件更换时必须断开设备主供电以确保更换部件时不会发生触电危险。

更换普通备件后应进行标准溶液核查工作，关键部件更换后需对仪器进行多点线性核查保障仪器正常运行。

八、运行维护流程

为确保测试数据的有效性和真实性，仪器设备应定期进行相应的质控手段，包括准

确度、精密度、检出限、校准曲线、加标回收率、水样比对、零点漂移、量程漂移检查以及仪器校准等质控手段。

每日上午、下午通过数据平台软件远程调看水站监测数据一次，根据情况组织开展巡检、核查、维修等工作，确保仪器设备正常、安全地运行。

每日上午应通过平台查看当日零点及量程核查和漂移率是否符合质控要求，若不满足要求或漂移率较大需运维人员到达现场对仪器进行检查及仪器校准，不合格的质控需进行现场补录。

每周应对仪器进行周质控测试，测试零点和量程液以外标准溶液是否满足质控要求，必要时进行仪器检查及校准。每周检查仪器废液桶废液量，定时清空废液桶。

每月应对仪器试剂和标准溶液进行一次更换，更换完后对仪器进行曲线校准，直至校准曲线满足要求。每月对仪器至少进行一次集成干预、多点线性以及水样比对工作。

每季度应检查仪器检测池、管路、定量模块清洁情况；定时清洗上述部件，必要时更换耗件。检查仪器各阀门，包括十通阀、三通阀、电磁阀，必要时进行维修或更换。

另外，还需不定时接受管理部门国家标准物质盲样抽查。

除质控措施外，运维人员每周到达现场后需对仪器各耗件、配套部件、试剂余量进行查看，发现故障及时处理，试剂余量不足时及时补充。如若短时间停机（停机时间小于24h），一般关机即可，再次运行时仪器须重新校准。如果长时间停机（连续停机时间超过24h），或监测仪停止测量样品超过24h，会影响仪器测量精度和稳定性，为避免仪器再次测量时出现问题，请按如下步骤及进行操作：进入用户菜单里的"单步测试"中选择测量后清洗，用蒸馏水清洗泵；排空测量室内的废水；关闭进样阀；关闭仪器电源。当仪器再次开机，重新测量样品时，必须重新填充试剂，确保新鲜的试剂溶液充满管路，并用大量的蒸馏水清洗测量室。然后进行高低标各两次标定，再进行样品测量，确保仪器测量的准确性。如果仪器停机时间超过15d，应仔细观察注射泵的运转是否正常、仪器的测量过程和测量值是否正确，发现问题及时排除。若长时间停机无法恢复时应更换备机，直至设备恢复正常。

九、更换耗件

1. 电磁阀、三通阀、十通阀更换

更换前将阀体控制液路中的液体排空，更换耗件时断开仪器供电，将阀体连接管路以及供电线路取下（务必记住对应管路和电线位置）后取出阀体固定螺钉，取下阀体，将新阀体接回管线并用固定螺钉固定后开机测试阀体工作情况以及密闭性。

2. 检测器更换

更换前将检测器内液体排空，更换耗件时断开仪器供电，将检测器上下管路以及检测器供电温感线路取下（务必记住对应管路和电线位置）后，取下上端固定模块，将检

测器从下往上取出，取出时注意检测器上下端均有密封垫圈。将新检测器从上往下进行安装，安装时密封垫圈必须对准检测器上下口。安装完成后按要求将检测器管线接至对应位置，开机测试检测器密闭性以及加热工功能。

3. 注射器更换

更换前将注射器位置复位，复位后断开仪器供电，将注射器连接管路以及供电线路取下（务必记住对应管路和电线位置）后取出固定螺钉，将注射器取下，将新注射器接回管线并用固定螺钉固定后开机，在仪器调试界面将注射器位置再次复位，复位完成后测试注射器密闭性。

4. 管路更换

更换前将管路液体排空，取下管路连接接头，新管路截取合适长度后将接头重新安装回对应接头处。

十、评价反馈

本次任务完成后，请你参考表3.27小组评价表开展自评，然后交小组长评价，最后由指导教师进行评价。

表3.27 总氮水质自动监测仪定期维护学习情境小组评价表

序号	检查项目	评定参考标准	评价			备注
			自评	小组	教师	
1	试剂配制	试剂配制操作规范				
2	试剂更换	能正确按照步骤操作，能将各类试剂放置到正确位置，正确进行试剂填充操作				
3	记录表格	记录表格正确，清晰明了，无随意涂改痕迹（应采用杠改）				
4	清洗水样杯	水样杯无明显水珠或挂壁现象				
5	仪器校准	试剂更换后，校准结果有效				
6	标样核查	测试结果在±10%误差范围内				
7	安全	操作期间正确佩戴防护用品，无事故				
8	文明	任务完成后及时清洗用具、仪器				

任务四 总磷监测

一、学习目标

了解总磷水质自动监测仪器的方法原理，掌握仪器定期维护的内容、试剂的配制与更换方法。

二、学习情境

某水站的总磷水质自动监测仪器需进行定期维护,包括更换全部试剂、更换蒸馏水、更换标准溶液和倾倒废液等工作,现在请你完成相应的定期维护任务并填好记录,任务书如表 3.28 所示。

表 3.28 定期维护任务书

维护任务	配制并更换试剂、更换蒸馏水、更换标准溶液,清洗采样杯和管路
检查意见:	
签章	

三、任务分组

学生分组情况填入表 3.29 中。

表 3.29 学生任务分组

班级		组别		指导老师	
组长			学号		
组员	姓名	学号		任务分工	

四、知识准备

1. 方法原理

用过硫酸钾消解水样,将水样所含磷全部氧化为正磷酸盐。在酸性介质中,正磷酸盐与钼酸铵反应,在锑盐存在下生成磷钼杂多酸后,随即被抗坏血酸还原,生成蓝色的络合物,于波长880nm处测量吸光度,通过与标准曲线的比对,计算求得总磷浓度值。

2. 仪器结构

仪器采用顺序注射技术,使用一个注射泵和一个多通道选向阀,并按照测量原理的顺序,把水样和氧化剂注入消解比色管内145℃高温高压消解并冷却,再继续向消解比色管中注入还原剂以及显色剂,并完成光吸收信号的采集和处理,然后将检测完成后的液体通过注射泵和八通道选向阀排到废液收集桶中,同时仪器进行总磷浓度的计算和最终结果的显示输出。仪器结构如图3.19所示。

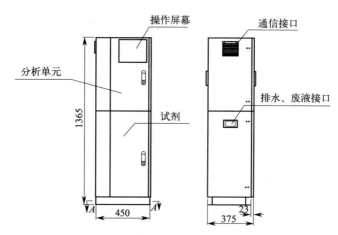

图3.19 仪器结构示意图(单位:mm)

3. 仪器界面

仪器开机后操作界面默认位于主界面,如图3.20所示。

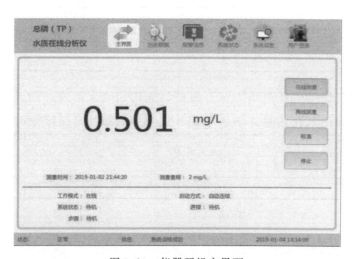

图3.20 仪器开机主界面

主界面顶部为功能模块切换区域,不同功能模块的功能如下:

① 主界面：显示测量信息、运行信息和当前工作流程。

② 历史数据：查询系统保存的历史数据，包括测试数据、标定数据、质控数据。

③ 报警信息：查询系统保存的系统报警信息。

④ 系统状态：展示仪器的实时状态，并可对仪器的相关部件进行调试。

⑤ 系统设置：查询和设置系统参数。

⑥ 用户登录：输入密码登录系统。

主界面中部区域为主要信息区域，主要显示的信息有：

① 测量信息：最后一次的测量结果，测量时间，量程。

② 运行信息：系统状态，进程，步骤。

主界面右侧区域为测试流程启动区域，点击相应按钮可以启动相应测试流程。主要功能如下。

① 在线测量：启动在线水样测量流程（测试结果自动上传水站控制系统）。

② 离线测量：启动离线水样测量流程（测试结果保存在仪器本地单机）。

③ 校准：启动校准流程。

④ 停止：强制停止当前运行流程。

主界面底部区域为信息提示区域，主要显示以下信息。

① 状态：显示当前系统实时状态，当仪器报警时该区域会展示最新报警信息。

② 信息：显示仪器操作时的提示信息。

③ 时间：显示当前的系统时间。

4. 应急处理

当仪器测试过程中出现异常，在仪器左侧设置有一个供电开关按钮，按下按钮，仪器断电急停。异常故障处理完成后，通过供电开关旋钮，通电开机。

当更换试剂时遇到下列紧急情况，可按此进行应急处理。

① 皮肤接触：立即用大量水冲洗，情况严重时及时就医。

② 溅入眼睛：切不可揉眼睛，张开眼睑，立即用流水彻底冲洗，并就医。

③ 误服：立即用氧化镁悬浮液、牛奶、豆浆等内服，情况严重时立即就医。

④ 火灾：用二氧化碳灭火器扑灭火焰后再用石灰、石灰石等中和废酸。条件允许的情况下立即切断供电总电源。

五、工作计划

按照收集的资讯和决策过程，请你制订一个总磷水质自动监测仪器定期维护的工作计划，计划应包括工作内容及分工、所需工具等，并完成表 3.30、表 3.31。

表 3.30 定期维护工作计划

序号	工作内容	分工
1	配制试剂、标准溶液	
2	更换试剂、纯水	
3	更换标准溶液	
4	废液处理	
5	清洗采样杯及管路	
6	检查管路	
7	仪器校准	
8	标样核查、性能测试	
9	填写记录表格	

表 3.31 所需工具、药品及器材清单

序号	名称	型号与规格	单位	数量	领用人

六、实施过程

1. 配制试剂和标准溶液

按表 3.32、表 3.33 准备好相应的药品、器皿和工具。按照以下步骤配制好需要更换的试剂。

[注意] 请务必在硫酸溶液中先加入钼酸铵溶液，再加入酒石酸锑钾溶液，顺序不得颠倒。

表 3.32 所需药品规格及用途

药品名称	规格	用途	品牌及备注
过硫酸钾	500mL/瓶 A.R.	配制试剂 A	国药
抗坏血酸	500g/瓶 A.R.	配制试剂 B	国药
酒石酸锑钾/钼酸铵/硫酸	500g/瓶 A.R.	配制试剂 C	国药

表 3.33 所需器皿、工具规格及用途

器皿及工具名称	规格
电子天平	0.01g、0.0001g
移液管	5mL、10mL
玻璃棒	长300mm,直径6mm
容量瓶	500mL、1000mL
烧杯	250mL、500mL、1000mL
洗瓶	500mL
洗耳球	90mL
量筒	500mL

(1) 试剂 A

称取 10.0g 过硫酸钾,转移至 500mL 烧杯中,加入纯水 500mL,搅拌至完全溶解(如遇不溶,50℃水浴加热至溶解)。

(2) 试剂 B

称取 25.0g 抗坏血酸,转移至 500mL 烧杯中,加纯水 500mL,搅拌至完全溶解。

(3) 试剂 C

① 配制钼酸铵溶液:称取钼酸铵 13.0g,转移至 250mL 烧杯中,加入纯水 100mL,搅拌至溶解。

② 配制酒石酸锑钾溶液:称取 0.35g 酒石酸锑钾,转移至 250mL 的烧杯中,加入纯水 100mL,搅拌至完全溶解。

③ 配制硫酸溶液:在 500mL 烧杯中加入纯水 100mL,边搅拌边缓缓加入浓硫酸 100mL,放置冷却。

④ 往配制成的硫酸溶液里注入钼酸铵溶液,随后再缓缓注入酒石酸锑钾溶液,全部转移至 500mL 容量瓶中,用纯水定容,摇匀,转移至试剂瓶中,贴上标签。

(4) 标准溶液

① 总磷标准母液,50mg/L 准确称取 0.2197g 磷酸二氢钾,转移至 250mL 烧杯中,加纯水 100mL,搅拌溶解完全,转移至 1000mL 容量瓶中,加入 2mL 浓硫酸,用纯水稀释至刻度,摇匀,转移至试剂瓶中,贴上标签,4℃保存。

② 量程标准溶液(0.5mg/L) 用移液管吸取 5.00mL 的总磷标准母液至 500mL 容量瓶中,用纯水定容,混匀后转移至试剂瓶中,贴上标签。

③ 标准标液(0.5mg/L) 用移液管吸取 5.00mL 的总磷标准母液至 500mL 容量瓶中,用纯水定容,混匀后转移至试剂瓶中,贴上标签。

④ 零点标准溶液(0mg/L) 可采用不含还原性物质的纯净水。

⑤ 加标准溶液 加标准溶液浓度根据水质类别做对应调整。当被测水样浓度低于

分析仪器的 4 倍检出限时，加标准溶液浓度应为分析仪器 4 倍检出限左右浓度，否则加标准溶液浓度为水样浓度的 0.5~3 倍，加标准溶液浓度应尽量与样品待测物浓度相等或相近，加标体积不得超过样品体积的 1%；应保证加标液浓度测试时与水样测试在同一量程。

⑥ 蒸馏水　移取 8L 纯水至 10L 纯水桶中。

2. 更换试剂

仪器的试剂存放单元由试剂 A、试剂 B、试剂 C、零点标准溶液、量程标准溶液、加标准溶液、校准标准溶液、蒸馏水组成。更换时注意按照试剂存放位置图（图 3.21）检查试剂放置是否正确。更换步骤如下。

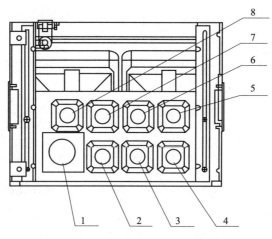

图 3.21　试剂存放位置图

1—试剂 A 试剂瓶；2—试剂 C 试剂瓶；3—量程标准溶液试剂瓶；4—零点标准溶液试剂瓶；
5—备用瓶；6—加标准溶液试剂瓶；7—试剂 B 试剂瓶；8—校准标准溶液试剂瓶

① 将需要更换的旧试剂收集到废液桶。

② 用配制好的新试剂淌洗 2~3 次对应的试剂瓶。

③ 加入新配试剂，盖好瓶盖，接通试剂管路。

④ 进行相应的试剂管路填充工作，操作步骤如下：

a. 主界面选择"系统状态"；

b. 系统状态界面选择"运维调试"；

c. 在试剂填充界面（图 3.22），选择相应的试剂进行填充。

3. 更换标准溶液

① 将需要更换的旧标准溶液收集到废液桶。

② 用标准溶液洗 2~3 次对应的试剂瓶。

③ 加入新的标准溶液，盖好瓶盖，接通试剂管路。

④ 进行相应的加标准溶液、量程标准溶液管路填充工作（步骤同试剂更换）。

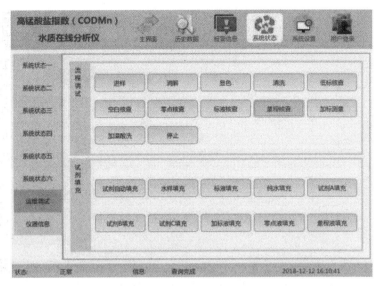

图 3.22 仪器试剂填充界面

4. 更换纯水

① 将需要更换的纯水收集到废液桶。

② 用纯水洗 2～3 次对应的试剂瓶。

③ 加入纯水,盖好瓶盖,接通试剂管路。

④ 进行纯水管路填充工作(步骤同试剂更换)。

5. 清洗采样杯

① 将仪器切换至待机状态,排出水样杯内剩余水样。

② 取下水样杯,用试管刷进行清洁。

③ 用纯水或自来水冲洗干净后将水样杯装回,检查无漏水现象。

6. 管路检查

按照标签依次检查所有线材、管路和试剂瓶是否正确、完整,试剂瓶盖是否盖好。

7. 仪器校准

全部更换完毕并检查无误,按照以下步骤进行一次仪器校准工作。

① 主界面选择"主界面"。

② 主界面中部区域选择"校准",仪器会自动进行一次校准。

③ 校准完成后选择系统状态界面,选择"系统状态四"(图 3.23)。在校准信息功能区域中,会实时展示最新的校准数据以及校准数据的有效性。

④ 如仪器校准显示有效,则试剂更换成功;否则应检查相应管路连接是否正确,试剂放置是否正确,试剂配制是否准确。

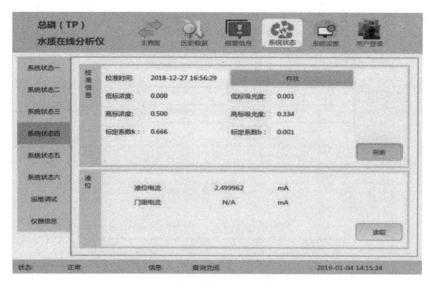

图 3.23　仪器"系统状态四"界面

8. 标样核查

为判断维护工作是否正确完成,仪器是否正常工作,需用已知浓度的标准溶液进行 1 次标样核查,操作步骤如下:

① 将零点标准溶液试剂瓶的管路取出,插入放置已知浓度的标准溶液试剂瓶。

② 进行零点管路填充工作 2~3 遍(步骤同试剂更换)。

③ 进行标样核查工作,操作步骤如下:

a. 主界面选择"系统状态";

b. 系统状态界面选择"运维调试";

c. 在流程调试界面(图 3.24),选择"标液核查"。

图 3.24　仪器流程调试界面

④ 标样核查结束仪器会显示相应的结果，计算其与真值的相对误差。

9. 填写记录表格

将试剂更换情况填入试剂更换表格（表 3.34）。

表 3.34 试剂更换表格

监测项目	试剂名称	有效期检查	配制人员	配制日期	更换人员	更换日期

七、常见问题及处理

仪器常见问题及问题出现的可能原因、处理措施见表 3.35。

表 3.35 常见问题及其可能原因、处理措施

序号	常见问题	可能原因	处理措施
1	测量结果异常	校准曲线错误	检查原因，重新校准
		试剂余量不足	补充试剂
		试剂被污染或配制错误	更换新的试剂
		管路或消解管被污染	清洗管路和消解管
		其他故障	请联系客服人员处理
2	水样或试剂加样异常	样品或试剂管路连接不良，硬管翘起在液面上	正确连接管路
		样品或试剂管道堵塞或破损	清洗或更换管路
		管路破损或连接不良	重新连接或更换管路
		其他部件故障	请联系客服人员处理
3	通信失败	通信线路连接错误	正确连接通信线缆
		485 通信异常	检查 MODBUS 地址设置是否正确
		系统集成商未正确集成仪器通信协议	联系系统集成商解决
		其他故障	请联系客服人员处理
4	多通阀/温控板/数据板通信报警	部件损坏或线路接触不良	检查线路，联系客服人员处理
5	自检电流异常	仪器开机自检时测量电流小于设定值	检查光源电流是否异常或重新设定阈值
6	死机黑屏	软件系统或硬件故障	联系客服人员排查原因处理

续表

序号	常见问题	可能原因	处理措施
7	流程运行异常	仪器软件版本不匹配	检查仪器软件版本信息,联系客服人员核对升级
8	测量值不稳定	注射器或管路漏气;试剂配制有误	更换注射器;重新拧紧或更换管路接头;重新配制试剂或更换药品
9	其他异常	根据报警信息查找原因	根据异常原因制定相应对策

若发现仪器故障需对仪器设备进行备件更换时必须断开设备主供电以确保更换部件时不会发生触电危险。

更换普通备件后应进行标样核查工作,关键部件更换后需对仪器进行多点线性核查保障仪器正常运行。

八、运行维护流程

为确保测试数据的有效性和真实性,仪器设备应定期进行相应的质控手段,包括准确度、精密度、检出限、校准曲线、加标回收率、水样比对、零点漂移、量程漂移检查以及仪器校准等质控手段。

每日上午、下午通过数据平台软件远程调看水站监测数据一次,根据情况组织开展巡检、核查、维修等工作,确保仪器设备正常、安全地运行。

每日上午应通过平台查看当日零点及量程核查和漂移率是否符合质控要求,若不满足要求或漂移率较大需运维人员到达现场对仪器进行检查及仪器校准,不合格的质控需进行现场补录。

每周应对仪器进行周质控测试,测试零点和量程液以外标准溶液是否满足质控要求,必要时进行仪器检查及校准。

每月应对仪器试剂和标准溶液进行一次更换,更换后对仪器进行曲线校准,直至校准曲线满足要求,每月对仪器至少进行一次集成干预、多点线性以及水样比对工作。

另外,还需不定时接受管理部门国家标准物质盲样抽查。

除质控措施外,运维人员每周到达现场后需对仪器各耗件、配套部件、试剂余量进行查看,发现故障及时处理,试剂余量不足时及时补充。如若短时间停机（停机时间小于24h）,一般关机即可,再次运行时仪器须重新校准。若长时间停机（连续停机时间超过24h）,或监测仪停止测量样品超过24h,会影响仪器测量精度和稳定性,为避免仪器再次测量时出现问题,请按如下步骤及进行操作:

进入用户菜单里的"单步测试"中选择测量后清洗,用蒸馏水清洗泵;排空测量室内的废水;关闭进样阀;关闭仪器电源。当仪器再次开机,重新测量样品时,必须重新填充试剂,确保新鲜的试剂溶液充满管路,并用大量的蒸馏水清洗测量室。然后进行高低标各两次标定,再进行样品测量,确保仪器测量的准确性。如果仪器停机时间超过

15d，应仔细观察注射泵的运转是否正常、仪器的测量过程和测量值是否正确，发现问题及时排除。若长时间停机无法恢复时应更换备机，直至设备恢复正常。

九、更换耗件

1. 电磁阀、三通阀、十通阀更换

更换前将阀体控制液路中的液体排空，更换耗件时断开仪器供电，将阀体连接管路以及供电线路取下（务必记住对应管路和电线位置）后取出阀体固定螺钉，取下阀体，将新阀体接回管线并用固定螺钉固定后开机测试阀体工作情况以及密闭性。

2. 更换检测器

更换前将检测器内液体排空，更换耗件时断开仪器供电，将检测器上下管路以及检测器供电温感线路取下（务必记住对应管路和电线位置）后取下上端固定模块，将检测器从下往上取出，取出时注意检测器上下端均有密封垫圈。将新检测器从上往下进行安装，安装时密封垫圈必须对准检测器上下口。安装完成后按要求将检测器管线接至对应位置，开机测试检测器密闭性以及加热功能。

3. 更换注射器

更换前将注射器位置复位，复位后断开仪器供电，将注射器连接管路以及供电线路取下（务必记住对应管路和电线位置）后取出固定螺钉，将注射器取下，将新注射器接回管线并用固定螺钉固定后开机，在仪器调试界面将注射器位置再次复位，复位完成后测试注射器密闭性。

4. 更换管路

更换前将管路液体排空后取下管路连接接头，新管路截取合适长度后将接头重新安装回对应接头处。

十、评价反馈

本次任务完成后，请你参考表 3.36 小组评价表开展自评，然后交小组长评价，最后由指导教师进行评价。

表 3.36 总磷水质自动监测仪器定期维护学习情境小组评价表

序号	检查项目	评定参考标准	评价			备注
			自评	小组	教师	
1	试剂配制	试剂配制操作规范				
2	试剂更换	能正确按照步骤操作,能将各类试剂放置到正确位置,正确进行试剂填充操作				

续表

序号	检查项目	评定参考标准	评价 自评	评价 小组	评价 教师	备注
3	废液处理	能正确按照步骤操作,规范地将废液转移至废液桶				
4	记录表格	记录表格正确,清晰明了,无随意涂改痕迹(应采用杠改)				
5	清洗水样杯	水样杯无明显水珠或挂壁现象				
6	仪器校准	试剂更换后,校准结果有效				
7	标样核查	测试结果在±10%误差范围内				
8	安全	操作期间正确佩戴防护用品,无事故				
9	文明	任务完成后及时清洗用具、仪器				

任务五 五参数(pH、温度、溶解氧、电导率、浊度)监测

一、学习目标

了解五参数(pH、温度、溶解氧、电导率、浊度)水质在线分析仪的运行原理、结构、操作使用、日常维护、故障处理等内容。

二、学习情境

某水站的五参数(pH、温度、溶解氧、电导率、浊度)水质在线分析仪需进行定期维护和保养工作,现在请你完成相应的定期维护任务并填好记录,任务书如表3.37所示。

表3.37 定期维护任务书

维护任务	清洗五参数电极、更换溶解氧电极荧光帽、更换pH玻璃电极、五参数电极校正
检查意见:	
签章	

三、任务分组

将学生分组情况填入表3.38中。

表 3.38　学生任务分组

班级		组别		指导老师	
组长				学号	
组员	姓名	学号		任务分工	

四、知识准备

1. 方法原理

（1）pH

采用玻璃电极法进行监测。以玻璃电极为指示电极，以 Ag/AgCl 电极为参比电极，组成 pH 复合电极。利用 pH 复合电极电动势随氢离子活度变化而发生偏移来测定水样的 pH 值。pH 计上有温度补偿装置，用以校准温度对电极的影响。

测量范围：0.00～14.00，可调。

（2）温度

利用热电阻的温度与阻值变化关系，将热电阻通过测量其电阻值来确定相应的温度，从而达到检测和控制温度的目的。

测量范围：0～60℃，可调。

（3）溶解氧

采用荧光法进行监测。

① 传感器设计　氧敏感分子（记号体）集成在光学活性层（荧光层）中，荧光层表面直接接液，传感器的光学部件直接位于荧光层的下部。

② 介质和荧光层中的氧分压维持平衡　传感器完全浸入在介质中时，可迅速建立平衡状态。

③ 测量过程　光电传感器向荧光层发射绿色脉冲光，记号体通过红色脉冲光（荧光）"响应"，响应信号的持续时间和强度直接取决于氧含量和氧分压，测量除氧介质时，响应信号的持续时间较长，且信号强度也较强，氧分子会"猝灭"记号分子。因此，含氧介质响应信号的持续时间较短，且信号强度也较弱，传感器发出与介质中溶解氧浓度成比例的信号时，传感器中已计算出了流体温度和大气压。除了浓度、饱和系数和氧分压的标准值，传感器还可以返回原始测量值，单位为 μs，数值对应于荧光层的衰减时间，在空气中约为 $20\mu s$，在除氧介质中约为 $60\mu s$。

测量范围：0～20mg/L，可调。

（4）电导率

采用电极法进行监测。将两个电极浸入在介质中，交流电压（AC）为电极供电，在介质中生成电流。基于欧姆定律计算电阻值或电导值 G（电阻值的倒数）。通过与传感器结构相关的电极常数 k 确定电导率。

测量范围：0～500mS/m（0～40℃），可调。

（5）浊度

采用光散射法进行监测。浊度表示的是水中悬浮物质与胶态物质对光线透过时所发生的阻碍程度或发生的散射现象。采用波长为860nm红外光，使之穿过一段水样，并从与入射光呈90°的方向上检测被水样中的颗粒物所散射的光量，从而测试水样的浊度。

测量范围：0～1000NTU，可调。

2. 仪器结构

五参数水质在线分析仪由控制器、pH 传感器、溶解氧传感器、电导率传感器、浊度传感器、专用电缆、支架及其他配件组成。控制器可同时接入 8 个传感器，同时有模拟量、数字量、开关量等多种输出接口。结构示意图见图 3.25。

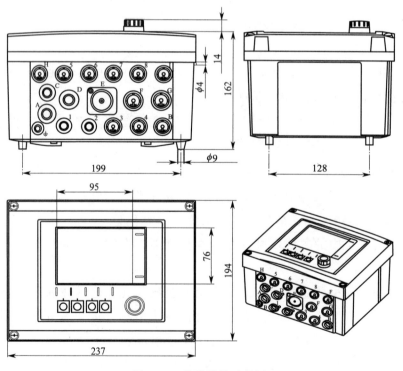

图 3.25 仪器结构示意图

单位：mm

3. 仪器界面

仪器开机后操作界面如图 3.26 所示，主要显示测量结果。

图 3.26　仪器开机主界面

五、工作计划

按照收集的资讯和决策过程，请你制订一个五参数水质自动监测仪器定期维护的工作计划，计划应包括工作内容及分工、所需工具等，并完成表 3.39、表 3.40。

表 3.39　定期维护工作计划（示例）

序号	工作内容	分工
1	清洗五参数电极	
2	更换溶解氧电极荧光帽	
3	更换 pH 玻璃电极	
4	五参数电极校正	

表 3.40　所需工具、药品及器材清单

序号	名称	型号与规格	单位	数量	领用人

六、实施过程

1. 清洗主机及控制部件

根据环境状态定期清洗户外安装部件的外壳。在打开模块以前，应先将模块周围的灰尘杂质清除，以免污染物进入到模块的电气壳内。具体清洗的方法是用无线头的湿布将模块表面清洗干净。如果有压缩空气的话，可以用其先将模块外壳上污染最严重的部位冲一下。

2. 电极的维护

（1）pH/温度电极清洗

清洗五参数电极

关闭五参数电源，把 pH/温度电极从五参数测试桶中取出来，放入一个装有清水的塑料桶中，用布将电极浸泡在水中的部分擦洗干净。用表面较平滑的纸巾或布将玻璃电极底部细孔周围的污垢物，从上到下轻轻擦除（注意擦洗时，不要将细孔周围污垢污压入细孔），而后用洗瓶内蒸馏水反复轻冲洗玻璃电极底部，最终将其周围可见污垢物除去。

pH/温度电极不允许长期暴露在空气中，需湿润保存。长期放置不用干燥后，建议放在 pH=7 的标准液或者 3mol/L 的饱和 KCl 溶液中一天以上，激活传感器。

（2）溶解氧电极维护

① 溶解氧电极清洗　关闭五参数电源，把溶解氧电极探头从五参数测试桶中取出来，放入一个装有清水的塑料桶中，用布将电极浸泡在水中的部分擦洗干净。用滤纸吸干电极薄膜上的水珠，再用表面较平滑的纸巾或布将荧光帽底部的污垢物，从上到下轻轻擦除（注意擦洗时，不要用力过大以免划坏溶解氧电极荧光帽），而后用洗瓶内蒸馏水反复轻冲洗底部。若遇油性污垢物，可尝试将电极浸泡在加有洗涤剂的温水中 5min，再用蒸馏水彻底冲洗干净，用纸巾或布擦干，最终将油性污垢物除去。

② 溶解氧电极校正　在空气中或者距离水面 2cm 以上的空气校准即可。

（3）电导率电极清洗

关闭五参数电源，把电导率电极探头从五参数测试桶中取出来，放入一个装有清水的塑料桶中，用布将电极浸泡在水中的部分擦洗干净。若普通擦洗无法将电极表面污垢物去除，可使用以下化学法对电极进行清洗。

① 先用 20% 稀醋酸溶液浸泡 3min。

② 再用加有洗洁精的温水浸泡 5min。

③ 最后用蒸馏水彻底漂洗干净。

（4）浊度电极清洗

关闭五参数电源，把浊度电极探头从五参数测试桶中取出来，放入一个装有清水的塑料桶中，用布将电极浸泡在水中的部分擦洗干净。若普通擦洗无法将电极表面污垢物去除，可使用以下化学法对电极进行清洗。

① 先用 20% 稀醋酸溶液浸泡 3min。

② 再用加有洗洁精的温水浸泡 5min。

③ 最后用蒸馏水彻底漂洗干净。

七、常见问题及处理

常见问题及其可能原因、解决办法见表 3.41。

表 3.41 常见问题及其可能原因、解决办法

序号	常见问题	可能原因	解决办法
1	模块侧面电压指示灯工作异常(工作正常为橙黄色,工作异常为红色或不亮)	供电电压不足	用万用表检查仪表供电电压
		电源模块与控制模块连接不好	检查控制模块与模块间的连接片是否连接好,用户还需留意连接片的接触好坏
		控制模块出故障	联系技术服务中心
2	电源供电状态良好,但是电极未完成注册,屏幕电极状态总显示"ERROR"	电极连接线未正确连接	检查电极连接线是否能用,可以换一支电极进行测试
		电极出错	换个测试点试看,如果不行请联系技术服务中心
3	pH 电极测试值异常	没进行校正	进行校正
		电极未连接或已经损坏	检查电极和电极连接线
		电极受污染	清洗电极
		液体已经进入传感器组件	联系技术服务中心
		仪器设置有误	正确设置仪器
4	溶解氧电极显示 0.0mg/L	薄膜头中无电解液	更换薄膜头
5	溶解氧电极不能校正	电极薄膜头被污染	清洗电极,等 15min 后再校正,若还不能清除杂质,则需更换电解液及盖式薄膜
6	溶解氧电极更换完电解液和薄膜头后还是校正失败	电极污染严重或电极中毒	联系技术服务中心
7	溶解氧测试值不稳,一直在跳	薄膜与金工作电极之间的距离过大	更换薄膜,校正
		薄膜头松动	旋紧薄膜头
8	浊度电极显示"－－－"	电极表面黏附污物	取下电极进行清洗
		水样静止不流动	待下周期启动时恢复正常
		浊度测试方向偏离	重新定位浊度电极
		浊度电极故障	联系技术服务中心

八、运行维护流程

仪器维护周期及需检查维护内容见表 3.42。

表 3.42 维护周期及检查维护内容

序号	维护周期	检查维护内容
1	每月 1 次	清洗五参数电极
2	每季度 1 次	更换溶解氧电极电解液,校正电极
3	每半年 1 次	更换溶解氧电极膜头
4	每年 1 次	更换 pH 玻璃电极,校正电极

九、更换耗件

1. 更换 pH 电极

若需更换电极，请按以下步骤进行。

① 无须关闭五参数电源，把 pH 电极从五参数测试桶中取出来。

② 用新的 pH 电极直接替换即可。

③ 取下电极头上的 KCl 塑料帽以备测试。

④ 测试前需重新进行电极的校正。

2. 更换溶解氧电极荧光帽

① 关闭五参数电源，把溶解氧电极探头从五参数测试桶中取出来，除去插口接头附近的任何粗糙污染物（在水桶内刷洗，用水管从上到下冲洗或用布擦洗）。

② 仔细地用纸巾擦洗电极并用蒸馏水冲洗，冲洗干净后用表面较为平滑的纸巾或布擦拭干。

③ 轻轻旋下荧光帽，并替换新的荧光帽上去。

十、评价反馈

本次任务完成后，请你参考表 3.43 小组评价表开展自评，然后交小组长评价，最后由指导教师进行评价。

表 3.43　五参数水质在线分析仪定期维护学习情境小组评价表

序号	检查项目	评定参考标准	评价			备注
			自评	小组	教师	
1	清洗五参数电极	能正确按照步骤操作				
2	更换溶解氧电极荧光帽	能正确按照步骤操作				
3	更换 pH 玻璃电极	能正确按照步骤操作				
4	五参数电极校正	能正确按照步骤操作				

阅读材料

pH 指标的意义

表征水体酸碱性的指标，pH 值为 7 时表示为中性，小于 7 为酸性，大于 7 为碱性。天然地表水的 pH 值一般为 6～9 之间。水中二氧化碳的含量是决定水体 pH 的最大因素之一，而水中二氧化碳的浓度又直接与水中浮游生物特别是水生植物的含量和活跃程度有直接关系，例如水中的浮游植物丰富，则白天光合作用强，消耗二氧化碳促进水体pH升高，而夜间水中植物由于呼吸作用增强，释放了二氧化碳，造成水中pH相对降低。

 阅读材料

溶解氧（DO）指标的意义

表征溶解于水中分子态氧含量的指标。水中溶解氧指标是反映水体质量的重要指标之一，含有有机污染物的地表水，在细菌的作用下有机污染物质分解时，会消耗水中的溶解氧，使水体发黑发臭，会造成鱼类、虾类等水生生物死亡。在流动性好（与空气交换好）的自然水体中，溶解氧饱和浓度与温度、气压有关，0℃时水中饱和溶解氧浓度可达14.6mg/L，25℃时为8.25mg/L。水体中藻类生长时由于光合作用产生氧气，会造成表层溶解氧异常升高而超过饱和值。

项目四

重金属监测

知识目标

1. 了解铅、镉、铜、锌、砷、汞、硒这些常规重金属水质自动监测仪器的方法原理；
2. 了解六价铬水质自动监测仪器的方法原理。

能力目标

1. 掌握常规重金属水质自动监测仪定期维护的内容，试剂的配制与更换方法；
2. 掌握六价铬水质自动监测仪定期维护的内容，试剂的配制与更换方法。

素质目标

1. 养成细致、耐心、科学严谨的工作态度；
2. 养成良好的职业道德，树立正确的人生观、世界观；
3. 养成珍惜水资源的习惯，增强学生水生态环境保护意识。

任务一 常规重金属监测

一、学习目标

铅、镉、铜、锌、砷、汞、硒等常规重金属水质自动监测原理和仪器装置基本一致，通过本任务的学习，了解这些常规重金属水质自动监测仪器的方法原理，掌握仪器定期维护的内容、试剂的配制与更换方法。

二、学习情境

某水站的重金属水质自动监测仪器需进行定期维护，包括更换工作溶液、更换蒸馏

水、更换参比电解液和倾倒废液等工作,现在请你完成相应的定期维护任务并填好记录,任务书如表 4.1 所示:

表 4.1 定期维护任务书

维护任务	配制并更换工作溶液、更换蒸馏水、更换参比电解液,清洗采样杯和管路
检查意见:	
签章	

三、任务分组

将学生分组情况填入表 4.2 中。

表 4.2 学生任务分组

班级		组别		指导老师	
组长				学号	
组员	姓名	学号		任务分工	

四、知识准备

1. 方法原理

库仑分析包括两个自动步骤。首先,在反应池中预处理一定体积的样品溶液,以消除或适当稀释干扰离子。然后,蠕动泵将处理好的样品输送到测量池,同时在工作电极上施加一恒定电位,待测物以还原态沉积到工作电极上。接着,在工作电极上施加一恒定电流,之前沉积的物质被电解,以氧化态溶解到电解液中,记录并检测此过程中工作电极上的电位变化。每次分析都会自动扣除背景信号,得到真正的样品信号。待测物的浓度通过和标准溶液的对比而自动得到。

2. 仪器结构

主要由控制单元、分析模块、前处理单元和盛放工作溶液的试剂瓶柜构成,仪器的所有部分包括溶液都可被锁在一个箱体内（图 4.1）。电源线、信号线和样品进出口管可由箱体侧面进入系统，控制单元和分析模块在上端，盛有工作溶液的试剂瓶放置在分析单元下，前处理单元（可选）置于下端。分析模块是一个由蠕动泵、反应混合池、6 口选择阀和测量池构成的、全自动运行的 SaFIA 流动注射分析系统。待测样品源源不断地从充满新鲜样品的溢流池进入分析模块中，工作溶液（支持电解液、辅助试剂、标准）和样品由蠕动泵输送进入分析系统，通过测量池后就流向废液池（图 4.2）。

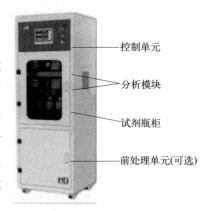

图 4.1　仪器结构示意图

图 4.2　前控制面板

1—蠕动泵及压杆；2—蠕动泵管；3—排液管；4—测量池；5—6 口选择阀；
6—缓冲环状管；7—夹管阀（预留位）；8—电源开关；9—触摸显示屏；10—USB 接口

3. 仪器界面

（1）开机主界面

仪器开机后操作界面默认位于主界面，如图 4.3 所示。主要显示以下内容。

图 4.3　仪器开机主界面

① 第一行：仪器测试的状态及当前日期时间；
② 第二行：仪器型号；
③ 第三、四行：仪器菜单；
④ 第五行：选项明细显示。

（2）监测模式界面

如图4.4所示。只有进入监测模式，才可设定各种监测参数。各选项代表参数如下。

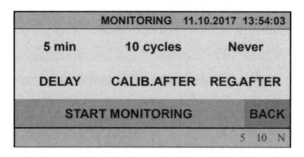

图4.4 监测模式（MONITORING）界面

① DELAY：测试频率，设定两次测试之间的等待时间。时间间隔：Dig. input（等待外触发信号，远程控制）包含有1min、5min、10min、20min、30min、60min、2hours，默认值为5min。

② CALIB. AFTER：校正频率，在预先设定好的校正频率下，校正程序将自动完成。时间间隔：Never、1cycle、5cycles、10cycles、20cycles、100cycles，默认值：10cycles。

③ REG. AFTER：电极再生，在预先设定的测试次数后，电极将自动再生。时间间隔：Never、1cycle、5cycles、10cycles、20cycles、100cycles，默认值：Never。

④ START MONITORING：开始自动测试模式，测试将根据上述设定的参数自动完成。测试将一直运行，直至点选"BACK"键。根据上述预先设定的参数，校正、电极的再生将自动完成。

（3）手动模式（MANUAL MODE）

如图4.5所示，其参数设置如下。

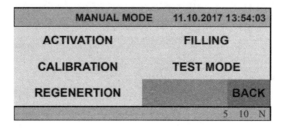

图4.5 手动模式界面

① ACTIVATION：活化，手动活化新工作电极。若更换新工作电极或长时间关闭系统后重启时，应先活化电极。程序如下：

a. 在主界面选择"MANUAL"，进菜单后点"ACTIVATION"。

b. 仪器将自动活化电极（部分电极无须活化，如测锰的 E-104L 电极），约需 3～5min。电极活化一旦完成，系统将回到等待状态，此时可选择其他操作。

② FILLING：填充，更换电极、添加参比电解液、更换样品后，系统需先填充溶液以充满整个管路。程序如下：

a. 在主界面选择"MANUAL"，进菜单后点"FILLING"。

b. 系统将自动填充试剂溶液、待测的样品溶液和校正溶液。一旦溶液填充完毕，系统将回到等待状态，此时可选择其他操作。

③ CALIBRATION：校正，手动校正。校正主要用来检查电极是否正常，尤其是更换新电极后。程序如下：

a. 在主界面选择"MANUAL"，进菜单后点"CALIBRATION"。

b. 校正程序开始，2～10min 后将完成（由具体测量参数及量程决定）。校正一旦完成，在显示屏上将会出现一个校正系数（TAU），该系数将保持一段时间。然后系统将回到等待状态，此时可选择其他操作。

④ TEST MODE：测试模式，仅维护服务中用到。

⑤ REGENERTION：再生，手动再生电极。手动监测和正常运行中，系统默认无须再生电极。

(4) 数据（DATA）界面

如图 4.6 所示。

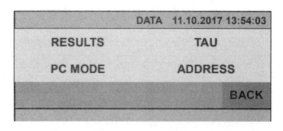

图 4.6　数据界面

① RESULTS：结果，结果可保存在内存中，仪器的存储器上可以储存 5000 个测试结果。测试结果包括相应的测量值和时间信息。最新的测试数据显示在最前面，最早的信息存储在最后，当内存存满了之后，最早的信息将被自动删除。程序如下：

a. 在主界面选择"DATA"，进菜单后点"RESULTS"。

b. 此时测试结果将在显示屏上列出来，分别选择"←"或"→"查看现在或者以前的数据。

② TAU：校正数值，最后一次的校正结果可保存在仪器中。

③ PC MODE：PC 模式，选择 PC 模式可通过计算机下载数据、上传参数，仅对维护工程师开放。

④ ADDRESS：模块地址，可查询和设置分析模块的地址。

（5）监测模式

测试系统启动后，在活化和合理地校正后，即可启动监测程序。如果不进行一次手动校正，则第一个测试数据不准确。

监测程序如下：

① 在主界面点选"MONITORING"。

② 显示屏上将出现参数信息，如有必要，上述的参数可重新设定。如果直接启动"START MONITORING"命令，系统将根据默认的参数或者最新使用的参数来运行。否则，参数可任意设定。参数设定好之后，即可开始监测：点击"START MONITORING"表明开始监测。测试完成之后，显示屏上将出现相应的测试结果，如图 4.7 所示。其中第一行显示现时日期时间；第二行表示状态为监测-延时，第三行为测量数据；第四行为测量的时间；第五行显示当前校正值 TAU 和停止按钮；第六行表示当前使用的参数是延时 5min，运行 10 次校准 1 次，电极不再生。

图 4.7　开始监测界面

仪器中已设定测定的浓度范围（量程），如果测试浓度超出范围，显示屏上将出现"Overfolw"信息，出现此信息时，分析将继续进行。此时 4～20mA 模拟输出信号将输出 20mA。

点击"BACK"键，可以随时中断监测。

自动校正过程中，显示屏的顶行中部将显示"CALIBRATION"字样。校正完成，显示屏上将出现校正系数，直至出现校准后的第一个结果。如果自动校正不成功（校正值不在设定的范围），系统将自动重复校正。如果再次失败，将自动终止校正，并出现"bad calibration"信息。如果出现这种情况，需查找故障原因并排除故障（如校正液错误，电极老化等）。

[注意] 断开电源将中断测试,一旦电源再次接通,监测程序将自动恢复并继续运行。

五、工作计划

按照收集的资讯和决策过程,请你制订一个重金属水质自动监测仪器定期维护的工作计划,计划应包括工作内容及分工、所需工具等,并完成表4.3、表4.4。

表4.3 定期维护工作计划(示例)

序号	工作内容	分工
1	添加工作溶液	
2	更换工作电极	
3	润滑蠕动泵转动轮	
4	更换泵管	
5	填充参比电解液	
6	检查管路	
7	仪器校准	
8	性能测试	
9	填写记录表格	

表4.4 所需工具、药品及器材清单

序号	名称	型号与规格	单位	数量	领用人

六、实施过程

1. 添加工作溶液

① 停止测试;

② 从试剂瓶中取出相应的管线;

③ 用满试剂瓶替代空试剂瓶;

④ 把管线再插回相应试剂瓶中;

⑤ 填充溶液。

2. 更换工作电极

操作如图 4.8 所示，具体步骤如下。

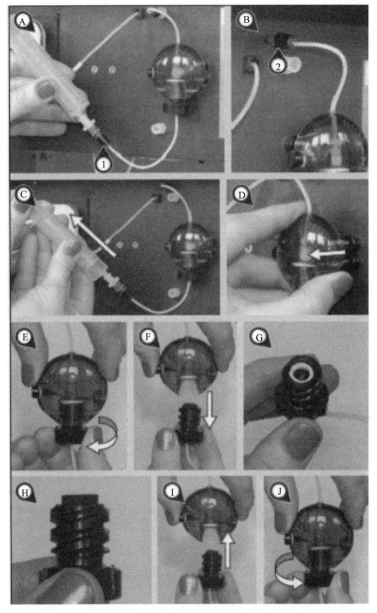

图 4.8 更换工作电极

1—下端 luer 管；2—上端 luer 管

① 停止实验。

② 取掉下端 luer 管，用一个注射器与之连接。

③ 取掉上端 luer 管。

④ 用注射器把测量池中溶液抽出。

⑤ 从仪器前面板上取掉测量池。

⑥ 逆时针旋松工作电极把柄。

⑦ 必要时,可以用一条滤纸或者软的纸巾把电极或者测量池擦干。

⑧ 取出工作电极。

[注意] 硅质圆环必须留在手持螺钉内。

⑨ 在手持螺钉的硅质圆环上安装新电极。

⑩ 一手持测量池,一手竖直持工作电极下端螺钉,慢慢将带有工作电极的螺钉插入到流动池内。

⑪ 用手小心地把工作电极顺时针方向旋进流动池。

⑫ 把测量池插回仪器前面板上,然后连接上 luer 管。

⑬ 往系统填充溶液。

⑭ 活化电极。

⑮ 进行 2~3 次手动校正,有效校正系数(TAU)应在显示屏上停留几分钟。

⑯ 在分析模块设置如下参数:DELAY,1min;CALIB. AFTER,1cycle;REG. AFTER,Never。

⑰ 开始测试,运行 1~2h。

⑱ 将参数设回正常工作状态时的参数,并重新启动。

3. 润滑蠕动泵转动轮

蠕动泵转动轮每年润滑一次。操作步骤如下(图 4.9)。

① 停止实验。

② 松动两个螺钉,从转动轴上取下透明的盖子。

③ 加一些硅油到转动轮的轴上,然后盖上盖子。

图 4.9 润滑蠕动泵转动轮

1—螺钉;2—转动轮

4. 更换泵管

每三个月更换一次泵管。操作步骤如下(图 4.10)。

① 停止测试。

② 松开压力杆。

③ 从 PTFE 管上取下乳胶管。

④ 从压力杆中取出旧的泵管。

⑤ 在压力杆中放置新泵管。

⑥ 放回压力杆。

⑦ 连接泵乳胶管和 PTFE 管。

[**注意**] 泵上使用的乳胶管的内径 1.65mm，但 PTFE 管的外径是 2mm！因此，把 PTFE 管插入乳胶管时，一定要小心，并且要慢，不要损坏。

⑧ 系统填充溶液。

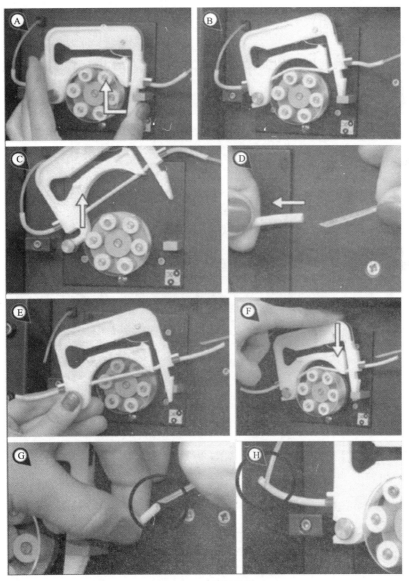

图 4.10　更换泵管

5. 填充参比电解液

如果参比电解液低于参比电极室内 Ag 圈，应添加参比电解液（如图 4.11）。

① 停止实验。

② 从仪器前面板取掉下端 luer 管，并用注射器和它相连。

③ 从仪器的前面板取掉上端 luer 管。

④ 用注射器抽出测量池中溶液。

⑤ 取掉测量池，上下倒转，松开并取掉注液孔的螺钉。

⑥ 用微量移液枪或注射器向测量池的参比电极室注入参比电解液，如饱和 KCl，50～100μL 即可，注意不要倒掉参比电极室内的 AgCl 颗粒。

⑦ 放回测量池至正常位置，旋上注液孔螺钉，不要忘记 O 形环！

⑧ 前后左右摇动流动池，使电解液到达参比电极室的最低部。参比室和电极膜之间不能有气泡！

⑨ 把测量池插回到前面板的插孔上，并把流通池上的 luer 管连接到前面板。

⑩ 往系统填充溶液。

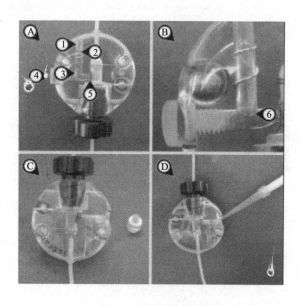

图 4.11 填充参比电解液
1—最高位；2—正常位；3—最低位；
4—填充口；5—膜；6—电解液液位太低

七、处理常见故障

常见故障及维修方案如表 4.5 所示。

表 4.5 常见故障及维修方案

常见故障	维修方案
校准失败("Bad Calib.")	首先检查各试剂是否足够,若不够,需添加相应试剂;管路和测量池有无气泡,若有,需手动填充试剂 2~3 次,活化 1 次后再进行校准。 检查校准溶液和其它试剂(若自配或自稀释各试剂,须核实浓度是否与我公司提供的一致,确保无误)。 检查参比电解液是否足够,若不够,添加参比电解液。 电极活化后再手动校正一次,如果失败,继续上述操作。 如果仍不成功,更换新工作电极
乳胶管和 PTFE 管断开,试剂不断从 PTFE 管滴下	固体颗粒堵塞流路系统:联系制造商。 电磁阀运行不正常:联系制造商。 线路脱落:联系制造商
无样品进入样品管	如果是样品管堵塞,拆开样品管或过滤器,用注射器注水到样品管,或者通过样品管直接注水到连接样品管的螺母中。 如果有过滤器,清洗或更换过滤器
显示屏无显示	程序失败:重启系统。 硬件出错:联系制造商
键盘按键失灵	线路脱落:联系制造商。 程序失败:重启系统。 硬件出错:联系制造商
开机出现花屏,仪器直接进入测试模式	仪器非正常关机,如仪器在运行中断电,正常关机后重启一次
模拟输出端电流在 1mA 以下	校正失败:参考校准失败原因。 D/A 转化器故障:联系制造商
模拟输出端电流稳定在 20mA	待测浓度超出最大浓度范围

八、运行维护流程

为确保测试数据的有效性和真实性,仪器设备应定期进行相应的质控手段,必要时进行仪器校准。

每日上午、下午通过数据平台软件远程调看水站监测数据不少于一次,根据情况组织开展巡检、核查、维修等工作,确保仪器设备正常、安全地运行。

每周应对仪器进行周质控测试,测试标准溶液是否满足质控要求,必要时进行仪器检查及校准。

每月应对仪器试剂和标准溶液进行一次更换,更换后对仪器进行曲线校准,直至校准曲线满足要求。

除质控措施外,运维人员每周到达现场后需对仪器各耗件、配套部件、试剂余量进行查看,发现故障及时处理,试剂余量不足及时补充。如若短时间停机(停机时间小于 24h),一般关机即可,再次运行时仪器须重新校准。如果长时间停机(连续停机时间超过 24h),或监测仪停止测量样品超过 24h,会影响仪器测量精度和稳定性,为避免仪器再次测量时出现问题，应排空仪器内残余试剂及标准物质，并用蒸馏水清洗管路，待开机后重新填充。如果仪器停机时间超过 15d，应仔细观察蠕动泵的运转是否正常、仪器的测量过程和测量值是否正确，发现问题及时排除。若长时间停机无法恢复时应更换备机，直至设备恢复正常。

九、更换耗件

1. 更换工作电极

更换步骤如下（图 4.12）。

① 停止实验。

② 取掉下端 luer 管，用一个注射器与之连接。

③ 取掉上端 luer 管。

④ 用注射器把测量池中溶液抽出。

⑤ 从仪器前面板上取掉测量池。

⑥ 逆时针旋松工作电极把柄。

⑦ 必要时，可以用一条滤纸或者软的纸巾把电极或者测量池擦干。

⑧ 取出工作电极。

[注意] 硅质圆环必须留在手持螺钉内。

⑨ 在手持螺钉的硅质圆环上安装新电极。

⑩ 一手持测量池，一手竖直持工作电极下端螺钉，慢慢将带有工作电极的螺钉插入到流动池内。

⑪ 用手小心地把工作电极顺时针方向旋进流动池。

⑫ 把测量池插回仪器前面板上，然后连接上 luer 管。

⑬ 往系统填充溶液。

⑭ 活化电极。

⑮ 进行 2~3 次手动校正，有效校正系数（TAU）应在显示屏上停留几分钟。

⑯ 在分析模块设置如下参数：Delay，1min；CALIB. AFTER，1cycle；REG. AFTER，Never。

⑰ 开始测试，运行 1~2h。

⑱ 将参数设回正常工作状态时的参数，并重新启动。

2. 更换泵管

每三个月更换一次泵管。操作步骤如下（图 4.13）。

① 停止测试。

② 松开压力杆。

③ 从 PTFE 管上取下乳胶管。

④ 从压力杆中取出旧的泵管。

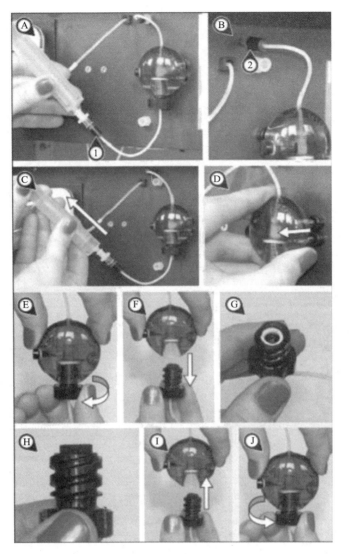

图 4.12　更换工作电极
1—下端 luer 管；2—上端 luer 管

⑤ 在压力杆中放置新泵管。
⑥ 放回压力杆。
⑦ 连接泵乳胶管和 PTFE 管。

[注意] 泵上使用的乳胶管的内径 1.65mm，但 PTFE 管的外径是 2mm！因此，把 PTFE 管插入乳胶管时，一定要小心，并且要慢，不要损坏。

⑧ 系统填充溶液。

十、评价反馈

本次任务完成后，请你参考表 4.6 小组评价表开展自评，然后交小组长评价，最后由指导教师进行评价。

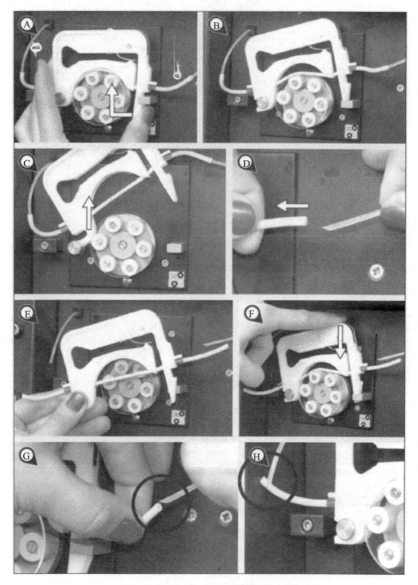

图 4.13 更换泵管

表 4.6 重金属水质自动监测仪器定期维护学习情境小组评价表

序号	检查项目	评定参考标准	评价			备注
			自评	小组	教师	
1	试剂配制	试剂配制操作规范				
2	试剂/耗件更换	能正确按照步骤操作,能将各类试剂放置到正确位置,正确进行试剂填充操作,正确更换耗件				
3	废液处理	能正确按照步骤操作,规范地将废液转移至废液桶				
4	记录表格	记录表格正确,清晰明了,无随意涂改痕迹(应采用杠改)				
5	清洗水样杯	水样杯无明显水珠或挂壁现象				

续表

序号	检查项目	评定参考标准	评价			备注
			自评	小组	教师	
6	仪器校准	试剂更换后,校准结果有效				
7	标样核查	测试结果在±10%误差范围内				
8	安全	操作期间正确佩戴防护用品,无事故				
9	文明	结束后及时清洗用具,仪器				

任务二 六价铬监测

一、学习目标

了解六价铬水质自动监测仪器的方法原理,掌握仪器定期维护的内容、试剂的配制与更换方法。

二、学习情境

某水站的六价铬水质自动监测仪器需进行定期维护,包括更换全部试剂、更换蒸馏水、更换标准溶液和倾倒废液等工作,现在请你完成相应的定期维护任务并填好记录,任务书如表4.7所示。

表4.7 定期维护任务书

维护任务	配制并更换试剂、更换蒸馏水、更换标准溶液、清洗采样杯和管路
检查意见:	
签章	

三、任务分组

将学生分组情况填入表 4.8 中。

表 4.8 学生任务分组

班级		组别		指导老师	
组长				学号	
组员	姓名	学号		任务分工	

四、知识准备

1. 方法原理

采用二苯碳酰二肼分光光度法测定六价铬含量。即在酸性条件下，水样中的六价铬和二苯碳酰二肼反应生成紫红色化合物，在 540nm 波长处测其吸光度，在一定浓度范围内，体系吸光度与六价铬离子浓度成正比，即可以根据分光光度法测定出水样中六价铬的含量。

2. 仪器结构

仪器由以下组件构成：

① 选择阀组件：由陶瓷阀和无残留的进口电磁阀组成，选择试剂采样时序。

② 计量组件：采用抗腐蚀聚四氟乙烯毛细管做采样环，克服了蠕动泵泵管由于磨损引起的定量误差；同时实现了微量试剂的精确定量，大大减少了试剂使用量。

③ 进样组件：蠕动泵负压吸入，在试剂与泵管之间总是存在一个空气缓冲区，避免了泵管的腐蚀。

④ 密封消解组件：高温高压消解体系，加快反应进程，克服了敞口系统腐蚀性气体挥发对设备的腐蚀。

⑤ 试剂管：采用进口改型聚四氟乙烯透明软管，管径大于 1.0mm，减少了水样颗粒堵塞概率。

⑥ 废液收集：通过电磁阀的相互切换，实现试剂废液与清洗消解管所产生的废液分开收集，减少废液处理量。

仪器机箱结构图如图 4.14 所示。

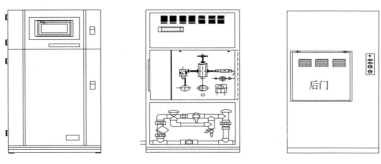

图 4.14　仪器机箱结构图

仪器主板结构图如图 4.15 所示。

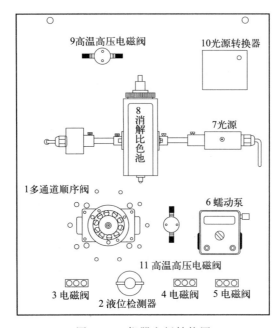

图 4.15　仪器主板结构图

3. 仪器界面

仪器开机后界面，如图 4.16 所示。

（1）主菜单界面

界面中央显示仪器流路的实时运行状态，并显示当前光电压值，管路中绿色为流通。界面右侧显示当前状态区域，从上向下分别为：系统测量状态；自动/手动测量；整点/间隔测量；通信协议；六价铬的当前浓度值；系统的运行状态。界面上方为系统菜单栏，分别为：客户操作、参数设置、仪器调试、历史数据、异常信息、修改时间。其中参数设置和仪器调试为仪器维护界面，需专业人士才可操作。

水环境质量自动监测

图 4.16　仪器开机主界面

（2）客户操作界面

进入 客户操作 可以设置仪器做样方式（整点/间隔）及标定（校正液）设置（标定时间/标样浓度），如图 4.17。

图 4.17　客户操作界面

① 在自动测量状态下，可以选择 整点做样 ，如图 4.18。

② 在自动测量状态下，可以点击 间隔做样 ，设置间隔做样时间后，在系统空闲状态下，系统会按照设置的间隔做样时间倒计时，为零时启动做水样程序，如图 4.19。

③ 进入 手动测量 可以手动测试标一、标二、标三和水样及手动进各种试剂，如图 4.20。

图 4.18 整点做样设置界面

图 4.19 间隔做样设置界面

图 4.20 手动做样设置界面

点击 手动进样 按钮,即可手动单步进各种试剂(更换试剂用),如图 4.21。

图 4.21 手动进样界面

[注意] 当点击 手动排废液 按钮后,其他手动动作立即停止,系统开始执行排废液程序。

④ 在客户操作界面中,点击 标定设置 按钮,即可设置标样浓度和自动标定时间,见图 4.22。

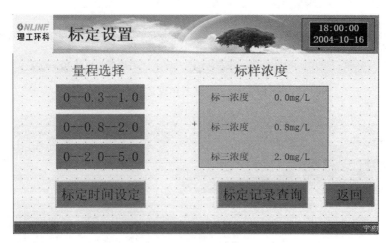

图 4.22 标定设置界面

标定设置界面中,首先要对仪器进行量程选择,当选定某一个量程后,标一、标二、标三浓度即为所配试剂的浓度值,标样的浓度设定自动更换为此量程的标准溶液浓度,并按照此量程的参数进行测量。按下 标定时间设置 ,出现图 4.23 的界面。

标定时间是 24 时制,例如输入"916"则表示系统时间到 9 时 16 分即开始启动做标样程序,此时间设置当日有效。日期可以设置自动标定的时间,例如选择 26 日 ,系

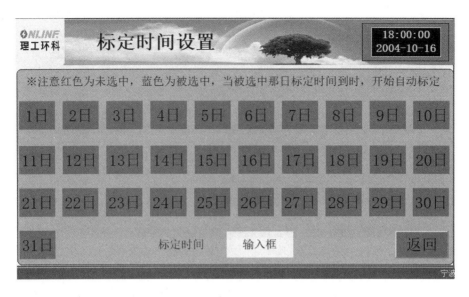

图 4.23 标定时间设置界面

统会在本月 26 日的标定时间即 26 日的 9 时 16 分,自动启动标样的做程序,客户可以选择一月内的标定日期和时间,以防止天气等环境变化造成标样的变化。

在标定设置界面内,按下 标定记录查询 ,出现图 4.24 的界面。在此界面中可以详细查询每一次标定的星系记录与具体时间。

图 4.24 标定记录查询界面

(3) 异常信息界面

系统出现异常后,会出现闪烁的报警查询界面(图 4.25)。

点击 详细异常信息 按钮,界面上方的红框中显示报警信息。此时系统停止运行,

图 4.25　报警查询界面

等待处理系统异常，也可点击 手动系统复位 按钮，强制复位系统到正常状态。自动复位时间为系统出现异常状态自动恢复的时间。

点击 详细异常信息 ，可以查询到所有异常情况出现的详细时间，如图 4.26。

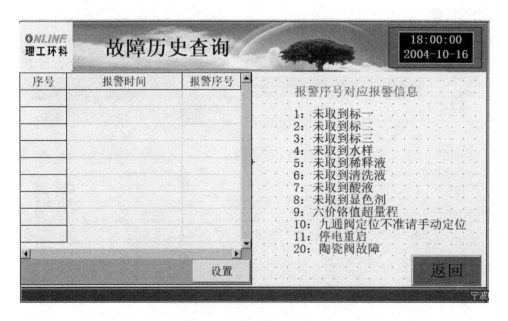

图 4.26　故障历史查询界面

五、工作计划

请按照收集到的信息和决策过程，制订六价铬水质自动监测仪器定期维护的工作计划，并完成表 4.9 和表 4.10。

表 4.9 定期维护工作计划（示例）

序号	工作内容	分工
1	添加工作溶液	
2	更换消解比色池	
3	润滑蠕动泵转动轮	
4	更换泵管	
5	检查仪器运行试剂抽取是否正常	
6	检查管路	
7	仪器校准	
8	性能测试	
9	填写记录表格	

表 4.10 所需工具、药品及器材清单

序号	名称	型号与规格	单位	数量	领用人

六、实施过程

1. 仪器初始化

按安装图将水样采样泵等组装好，按管路上的标牌分别插入指定的试剂瓶中。插上电源，查看当前光电压是否在规定范围内（在消解池没有蒸馏水的情况下，光电压为 3500mV±200mV）。

初始装液：在仪器初始运行、试剂更换后试剂浓度波动较大或是仪器异常经检修后，所有进样管内没有试剂时，一般要执行此操作；在仪器停运时间多于 3d 时，建议把所有试剂的进样管插入正确位置后，启动此操作对仪器进行冲洗。具体操作如下。

仪器处于待机状态时，将触摸显示屏打开至 主菜单 → 客户操作 → 手动测量 → 手动进样，如果要填充试剂一液体，先点击 手动进标一，等待手动进试剂一结束后，点击 手动排废液。当管路中废液排完，再点击 手动排废液，停止排废液。其他试剂填充操作同上所述。

2. 校准

在仪器初始运行并执行完仪器初始化操作后，或是在设定的校准时刻，仪器执行校准程序。操作步骤如下。

① 设定参数：在仪器待机状态下，将触摸显示屏打开至 主菜单 → 客户操作，设置做样方式（整点测水样或间隔测水样）和标定（校正液）参数（标定时间和标样浓度）。

② 标定（校准）：设置完标定时间后，当系统时间到达标定时间，仪器开始自动标定（校准）。

③ 运行：标定（校准）完成后，系统会按照用户设置的做样方式自动进行测量。

3. 清洗

仪器每次做样前后都会抽取清洗液（蒸馏水）来清洗整个接触区域直到水样试管的末端，然后再进行样品的测定。因为清洗用水量较大，建议仪器运行时，要经常注意清洗液（蒸馏水）的剩余量，以免影响测量或堵塞软管。

4. 测量

⚠ 在仪器进行测量运行前，请确保仪器已经执行完初始化和校准操作。

在仪器待机状态，进入客户操作界面，设置"间隔做样"或者"整点做样"后，仪器按照设置的时间启动测量程序。

七、处理常见故障

仪器在异常时会蜂鸣报警，并中断所有正在运行的程序，直到排除仪器故障后进行复位操作，仪器才能恢复正常运行。异常信息可能的原因及其处理措施见表4.11。

表 4.11 故障对照表

异常信息	原因	措施
未采到试剂	1. 无相应的样品； 2. 管路漏气； 3. 蠕动泵驱动器连线松动； 4. 蠕动泵或泵管或对应驱动器损坏； 5. 管路堵塞； 6. 选择顺序阀故障； 7. 电路板继电器损坏； 8. 光电检测装置损坏	1. 补足相应试剂； 2. 重新更换堵塞管道或重新连接漏气接头； 3. 确保潜水4-1泵的两个出水口畅通； 4. 检查蠕动泵正反工作是否正常，不正常时请检查连线、继电器或更换泵驱动器； 5. 检查选择顺序阀各通道是否畅通,阀位是否能转到位,不畅通时,请检查相应通道是否堵塞,堵塞时,请更换选择阀,未到位时,请检查连线、光源或更换阀驱动器； 6. 检查或更换电路板继电器； 7. 更换光电检测装置
未采到标一		
未采到标二		
未采到标三		
未采到水样		

续表

异常信息	原因	措施
进液/排液错误	1. 管路堵塞； 2. 选择阀故障； 3. 定位光电故障； 4. 蠕动泵及其相应配件损坏或连线松动； 5. 电路板继电器、电磁阀继电器损坏	1. 更换堵塞管路； 2. 检查选择阀各通道是否畅通，不畅通时，请检查相应通道是否堵塞，堵塞时，请更换选择阀，未堵塞时，请检查连线或更换阀驱动器； 3. 检查定位光电信号是否正常，若不正常则更换光电器件； 4. 检查蠕动泵正反工作是否正常，不正常时请检查连线、继电器或更换泵驱动器； 5. 检查或更换电路板继电器、电磁阀固态继电器
光电异常	1. 测量光电系统损坏或接线松动； 2. 定位光电系统损坏或连线松动	1. 检查所有光电信号是否正常； 2. 检查异常光电电路器件和连线
测量数据波动大	1. 环境温度波动大； 2. 环境温度高； 3. 加热温度不稳定； 4. 试剂污染； 5. 设备其他硬件故障	1. 安装空调； 2. 重新连线、更换温度变送器或加热器； 3. 更换试剂； 4. 联系维护部门
显色剂异常	显色剂变质、过期	观察颜色和正常颜色是否相同，如原来的无色的液体变成其他颜色，或者出现絮状沉淀物，说明已过期。应重新配制
基线太高，使测量的标样和水样的光电压值峰值在光电池的线性区外	光电源或光纤原调整好的位置被移动引起基线升高，透光度太强	调整光源和光纤的位置，使基线在没有液体的状态下，光电压在 1800±200mV 左右
测定标准样品准确，但测定实际水样不准确	1. 反应温度不够高； 2. 水样基体复杂，具有干扰； 3. 标准液不准	1. 若是被测水样含有特别难以消解的物质，则应尝试提高反应温度，找出最佳温度值或者延长加热消解的时间。 2. 其他金属离子一般不干扰，但如果浓度太高也会影响测定，可适量提高掩蔽剂的含量。 3. 用国家标准液来验证自己配制的标定液和标准液是否正确
顺序阀定位不准	定位光电器件损坏或连线松动	修理异常定位光电器件和连线

八、运行维护流程

1. 短期关机后开始运行的维护

① 检查水样供应系统，看水泵和抽水样系统是否正常。

② 对仪器进行标定，按照快速使用流程校正分析仪。

③ 开始测量模式。

④ 观察一个测量循环并检查结果。

2. 每周保养维护

① 检查潜水泵进出水口，并确保顺畅。

②仪器的试剂可以保存1个月，每周应检查各试剂并补充，以免试剂用完影响测定。

③检查废液瓶内废液存量，确保废液瓶内的废液不会接触废液管底端，如已满，请及时排出，切勿造成废液溢流。

④检查空调的运行状态，高精密仪器要求环境稳定。

⑤检查校正，观察一个测量循环检查结果。

3. 每月保养维护

①检查比色池洁净程度，当光电压信号低于600时，请用1∶9的稀硫酸执行"手动清洗"，将仪器调至客户操作→手动测量→手动进样，将电磁阀正转以及蠕动泵打开后将清洗液注入，当注满后，将电磁阀和蠕动泵注入关闭，将蠕动泵吸出打开，将清洗后的液体吸出至废液瓶。再用蒸馏水清洗一遍。如清洗结束后，计量管仍然无法清洗干净，请关机后把计量管拆下手动刷洗。如清洗后光电压还是较低，则可以将发光光源的电流调大，以增大光电压值。

②清洗试剂瓶及废液瓶，处理掉废液（用碱中和后倒掉）。

③准备试剂，校正仪器，开始测量模式。

4. 季度保养维护

①每6个月更换比色试管密封圈及密封螺钉，更换蠕动泵的软管。

②每12个月更换比色试管。

九、更换耗件

1. 更换电磁阀、多通阀

更换前将阀体控制液路中的液体排空，更换耗件时断开仪器供电，将阀体连接管路以及供电线路取下（务必记住对应管路和电线位置）后取出阀体固定螺钉，取下阀体，将新阀体接回管线后用固定螺钉固定后开机测试阀体工作情况以及密闭性。

2. 更换检测器

更换前将检测器内液体排空，更换耗件时断开仪器供电，将检测器上下管路以及检测器供电温感线路取下（务必记住对应管路和电线位置）后取下上端固定模块，将检测器从下往上取出，取出时注意检测器上下端均有密封垫圈。将新检测器从上往下进行安装，安装时密封垫圈必须对准检测器上下口。安装完成后按要求将检测器管线接至对应位置，开机测试检测器密闭性以及加热工功能。

3. 更换蠕动泵

更换蠕动泵时在蠕动泵内侧和泵管上涂抹凡士林润滑油。

4. 更换管路

更换前将管路液体排空,取下管路连接接头,新管路截取合适长度后将接头重新安装回对应接头处。

十、评价反馈

本次任务完成后,请你参考表 4.12 小组评价表开展自评,然后交小组长评价,最后由指导教师进行评价。

表 4.12　六价铬水质自动监测仪器定期维护学习情境小组评价表

序号	检查项目	评定参考标准	评价 自评	评价 小组	评价 教师	备注
1	试剂配制	试剂配制操作规范				
2	试剂更换	能正确按照步骤操作,能将各类试剂放置到正确位置,正确进行试剂填充操作				
3	废液处理	能正确按照步骤操作,规范地将废液转移至废液桶				
4	记录表格	记录表格正确,清晰明了,无随意涂改痕迹(应采用杠改)				
5	清洗水样杯	水样杯无明显水珠或挂壁现象				
6	仪器校准	试剂更换后,校准结果有效				
7	标样核查	测试结果在±10%误差范围内				
8	安全	操作期间正确佩戴防护用品,无事故				
9	文明	清洗用具,仪器				

阅读材料

全国七大水系

流域内所有河流、湖泊等各种水体组成的水网系统,称作水系。中国大陆地区由于地域宽广,气候和地形差异极大,境内河流主要流向太平洋,其次为印度洋,少量流入北冰洋。中国境内"七大水系"均为河流构成,又称为"江河水系",均属太平洋水系。七大水系从北到南依次是:松花江水系、辽河水系、海河水系、黄河水系、淮河水系、长江水系、珠江水系。

松花江全长 1927 公里,流域面积约为 545 万平方公里,占东北地区总面积的 60%,地跨吉林、黑龙江两省。其主要支流有嫩江(全长 1089 公里,流域面积 28.3 万平方公里,占松花江流域总面积的一半以上)、呼兰河、牡丹江、汤旺河、倭肯河、拉林河等。佳木斯以下,为广阔的三江平原,沿岸是一片土地肥沃的草原,多沼泽湿地,为我国著名的"北大荒"。

辽河全长 1430 公里,流域面积 22.94 万平方公里,地跨内蒙古、辽宁二省区。东、西辽河在辽宁省昌图县福德店附近汇合后始称辽河。辽河干流一股向南称外辽河，在接纳了辽河最大的支流——浑河后又称大辽河，最后在营口入海；另一股向西流，称双台子河，在盘山湾入海。

海河是中国华北地区最大水系。海河干流起自天津金钢桥附近的三岔河口，东至大沽口入渤海，其长度仅为73公里。但是，它却接纳了上游北运、永定、大清、子牙、南运河五大支流和300多条较大支流，构成了华北最大的水系——海河水系，流域面积31.8万平方公里。

黄河是我国第二长河，源于青海巴颜喀拉山，汇集40多条主要支流和1000多条溪川。干流流经青海、四川、甘肃、河南、山东等9省、自治区，在山东省东营市垦利区注入渤海，全长5464公里，流域面积75万平方公里。

淮河位于长江与黄河两条大河之间，是中国中部的一条重要河流，淮河发源于河南与湖北交界处的桐柏山太白顶（又称大复峰），自西向东，流经河南、安徽和江苏，干流全长1000公里，由淮河水系和沂沭泗两大水系组成，流域面积26万平方公里，干支流斜铺密布在河南、安徽、江苏、山东4省。流域范围西起伏牛山，东临黄海，北屏黄河南堤和沂蒙山脉。

长江全长6300公里，在世界名川中，仅次于非洲的尼罗河和南美洲的亚马孙河，居世界第三位。长江发源于唐古拉山主峰——各拉丹冬雪山，干流流经青、藏、川、滇、渝、鄂、湘、赣、皖、苏、沪等11个省、自治区、直辖市，支流延至甘、陕、黔、豫、浙、桂、闽、粤等8省、自治区。长江水系庞大，汇集700余条支流，纵贯南北，流域面积180余万平方公里，占中国总面积的18.8%。长江的主要支流有雅砻江、岷江、嘉陵江、乌江、沅江、汉江和赣江等，它们的平均流量为1000立方米/秒（均超过黄河水量）。

珠江是中国第四大河，干流总长2215.8公里，流域面积为45.26万平方公里（其中极小部分在越南境内），地跨云南、贵州、广西、广东、湖南、江西以及香港、澳门8省、自治区和特别行政区。珠江水系由西江、北江、东江和三角洲河网组成，干支流河道呈扇形分布，形如密树枝状。西江是珠江水系的主干流，全长2214公里，流域面积35.3万平方公里。

项目五

特征污染物质监测

知识目标

1. 了解叶绿素在线水质自动监测仪器的结构和方法原理;
2. 了解生物毒性水质自动监测仪器的机构和方法原理;
3. 了解挥发性有机物（VOCs）水质自动监测仪器的结构和方法原理。

能力目标

1. 掌握叶绿素在线水质自动监测仪器定期维护的内容、试剂的配制与更换方法;
2. 掌握生物毒性水质自动监测仪器定期维护的内容、试剂的配制与更换方法;
3. 掌握挥发性有机物（VOCs）水质自动监测仪器定期维护的内容、试剂的配制与更换方法。

素质目标

1. 培养学无止境、勇于探索的科学研究意识和创新精神;
2. 养成科学严谨的工作态度;
3. 培养理论推理和科学思维能力。

任务一　叶绿素监测

一、学习目标

了解叶绿素在线水质自动监测仪器的方法原理，掌握仪器定期维护的内容、试剂的配制与更换方法。

二、学习情境

某水站的叶绿素在线水质自动监测仪器需进行定期维护，包括质控和校准，现在请你完成相应的定期维护任务并填好记录，任务书如表 5.1 所示。

表 5.1　定期维护任务书

维护任务	质控与校准
检查意见：	
签章	

三、任务分组

将学生分组情况填入表 5.2 中。

表 5.2　学生任务分组

班级		组别		指导老师	
组长				学号	
组员	姓名		学号		任务分工

四、知识准备

1. 方法原理

叶绿素分析仪是专为水中叶绿素的测量而设计的。该分析仪采用特定波长的高亮度 LED 激发水样中植物细胞内的叶绿素 a，叶绿素 a 会发出荧光，传感器中的高灵敏度光电转换器会捕捉微弱的荧光信号从而转化为叶绿素浓度数值，同时采用数字化、智能化传感器设计理念，能够自动补偿电压波动、器件老化、温度变化对测量值的影响；直接输出标准化数字信号，在无控制器的情况下就可以实现组网和系统集成（图 5.1）。

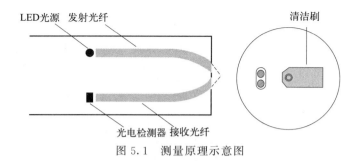

图 5.1 测量原理示意图

2. 仪器结构

见图 5.2 和图 5.3。

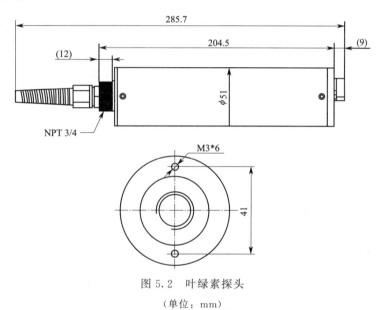

图 5.2 叶绿素探头

（单位：mm）

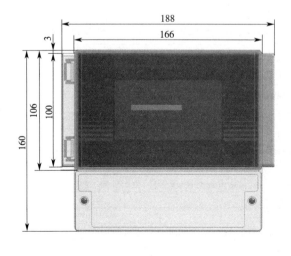
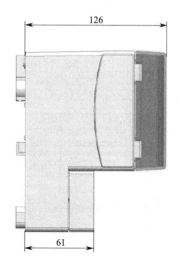

图 5.3 控制器

（单位：mm）

3. 仪器界面

控制器在开机启动以后会进入自检界面，等待 20～30s 以后控制器就显示数值界面，在数值显示界面我们可以看到传感器状态、测量数据、模拟量输出数据、系统时间等信息。如图 5.4 所示。

图 5.4　显示界面

在数值显示界面中点击"控制器菜单"就可以进入控制器菜单界面（图 5.5）。用户可以在控制器菜单界面中选择对应的子菜单对控制器的参数进行设置或者获取控制器信息。子菜单具体功能见表 5.3。

图 5.5　控制器菜单界面

表 5.3　控制器子菜单功能介绍

子菜单	功能
通信设置	设置控制器对外通信波特率、通信地址，对传感器通信波特率
辅助设置	设置系统时间、语言、密码模式、触摸屏校准
密码修改	修改操作密码
设备信息	显示控制器相关信息，包括设备型号、序列号、生产日期、硬件版本、软件版本等
模拟输出	设置模拟量输出参数
继电器	设置继电器输出参数
报警设置	设置报警上下限值
报警信息	显示控制器报警信息
历史日志	查询历史数据信息和校准记录
存储设置	设置存储是否开启、存储时间间隔

4. 传感器设置

在数值显示界面中点击叶绿素传感器就可以进入传感器的设置菜单。传感器设置菜单中包含了所有传感器参数相关的子菜单。图 5.6 为叶绿素传感器设置菜单界面。子菜单功能见表 5.4。

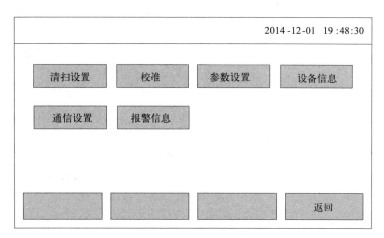

图 5.6 叶绿素传感器设置菜单界面

表 5.4 叶绿素传感器设置子菜单功能介绍

子菜单	子菜单功能描述
清扫设置	设置传感器清扫参数。手动清洗,需操作人员启动其清洗,清洗次数设置为 1 次,在清洗时,清洁刷正反转各 1 次;自动清洗,可以设置清洗时间间隔,清洗次数
校准	传感器校准
参数设置	设置传感器参数,包括平均次数、量程等,叶绿素传感器的平均次数出厂默认设置为 10
设备信息	显示传感器相关信息,包括设备型号、序列号、生产日期、硬件版本、软件版本等
通信设置	设置传感器通信波特率、通信地址,一般情况下无须更改
报警信息	显示传感器报警信息

五、工作计划

按照收集的资讯和决策过程,请你制订一个叶绿素水质自动监测仪器的定期维护工作计划,计划应包括工作内容及分工、所需工具等,并完成表 5.5、表 5.6。

表 5.5 定期维护工作计划（示例）

序号	工作内容	分工
1	配制试剂、标准溶液	
2	更换标准溶液	
3	清洗采样杯及管路	
4	检查管路	

续表

序号	工作内容	分工
5	仪器校准	
6	标样核查	
7	填写记录表格	

表5.6 所需工具、药品及器材清单

序号	名称	型号与规格	单位	数量	领用人

六、实施过程

1. 罗丹明WT标准溶液的配制和使用

按表5.7、表5.8准备好相应的药品、器皿和工具。按照以下步骤配制好需要更换的试剂。

[注意] 配试剂使用的化学试剂等级必须是优级纯；配制试剂用水应为不含还原性物质的纯净水。

表5.7 所需药品规格及用途

药品名称	规格	用途	试剂等级
罗丹明WT溶液	200g/L	配置校准/标准溶液	优级纯

表5.8 所需器皿、工具规格及用途

器皿及工具名称	规格
电子天平	0.01g、0.0001g
移液管	2.5mL、5mL
量筒	100mL
容量瓶	500mL、1000mL
烧杯	500mL、1000mL
玻璃棒	长300mm，直径6mm
洗瓶	500mL
洗耳球	90mL

按以下步骤配制可用于叶绿素传感器校准的 500μg/L 罗丹明 WT 溶液：

① 准确量取 0.50mL 罗丹明 WT 溶液并定量转移到 1000mL 的容量瓶中，用纯水（蒸馏水或去离子水）定容，混合均匀即得到浓度为 100mg/L 的罗丹明 WT 浓缩标准溶液。将此溶液转移至玻璃瓶中以备将来使用。

② 准确量取上述配制的溶液 5.00mL 到一个 1000mL 的容量瓶中，然后用纯水定容。将溶液混合均匀，配制成浓度为 500μg/L 的稀释标准溶液。根据实验分析，认为 500μg/L 的罗丹明 WT 溶液与 100μg/L 叶绿素 a 的荧光信号基本相同。所以，在校准时，使用此浓度的罗丹明 WT 溶液，标准溶液值输入 100μg/L。其他浓度也按照此比例来配制。

③ 浓缩标准溶液必须装在深色的玻璃瓶中保存于冰箱，防止分解。按步骤②配制的稀释标准溶液必须在配制后的 24h 内使用。如果以后需要罗丹明 WT 标准液时，只需要将浓缩标准溶液取出，恢复到室温后再进行稀释。保存在低温下的浓缩液的稳定性好于室温下保存的稀释液的稳定性。

2. 仪器校准

传感器在使用过程中遇到本身器件老化、测量物体颗粒发生变化、安装环境改变等都会对测量结果产生影响，要克服这些因素的影响就必须定期对传感器进行校准（建议每半年校准一次）。校准步骤如下。

（1）进入校准界面

在数值显示界面，点击叶绿素传感器菜单按钮，进入传感器菜单界面，然后点击"校准"，进入校准界面，如图 5.7 所示。

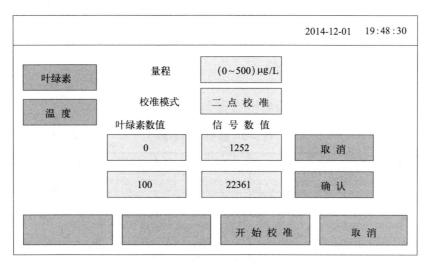

图 5.7 叶绿素传感器校准界面

有 3 种校准模式，"一点校准""二点校准""三点校准"，其中"一点校准"只是偏移量校准，适用于已经完成多点校准以后的传感器在现场应用时的快速校准；"二点校准"为线性校准,适用于200μg/L以下量程段的校准;"三点校准"为非线性校准,适合于200μg/L以上量程段的校准。

(2) 校准数据采集

在进行数据采集前请先准备好标准溶液,然后将传感器放入准备好的标准溶液中。如图5.8所示。

校准时请使用专用的校准杯或者大容量的烧杯作为容器。将传感器放在距离底部10cm以上的位置。确保底部为黑色。传感器倾斜慢慢放入标准溶液,然后再等待30s,确保溶液稳定了才开始校准操作。

观测"信号数值"中的信号数据,等到相对比较稳定的时候(信号数据1min内最大值和最小值的差值小于20),点击后面对应的"确认"按钮,数据停止刷新,在该点的叶绿素数值框中输入当前叶绿素浓度值,该点数据采集确认完成。然后重复以上过程进行下一点校准数据的采集。

图5.8 校准示意图

(3) 校准确认

当确认原始数据正常并都采集完成以后,点击"开始校准",就完成了本次校准。校准数据将保存在传感器内部,同时存入的还有校准时的实时温度数据,所以校准时无须额外关注温度数据。

3. 标样核查

为判断维护工作是否正确完成,仪器是否正常工作,需用已知浓度的标准溶液进行1次标样核查。直接将清洗后的探头放入配置好的标准溶液中,等待仪器数值稳定后读数,与标准溶液值进行比较。

4. 填写记录表格

将试剂更换情况填入试剂更换表格(表5.9)。

表5.9 试剂更换表格

监测项目	试剂名称	有效期检查	配制人员	配制日期	更换人员	更换日期

七、常见问题及处理

① 问题：通信异常、控制器显示通信故障。

可能原因：供电或线缆连接问题、波特率不匹配。

处理方法：检查供电电源情况、检查 RS485 连接是否正确、确认波特率是否正确。

② 问题：数值显示为 0 并且不变化。

可能原因：内部光源故障或者传感器表面有污染物。

处理方法：检查传感器表面或联系售后服务。

③ 问题：数值不稳定。

可能原因：被测溶液中有气泡、校准错误、信号受到干扰。

处理方法：确保传感器测量端口没有气泡，重新校准或联系售后服务。

④ 问题：数值突然变大，清扫也无法解决。

可能原因：有污染物缠绕在清洁刷上或者清洁刷脱落。

处理方法：将传感器取出然后清理掉污染物，如果是清洁刷脱落请换上新清洁刷。

⑤ 报警信息及处理见表 5.10。

表 5.10 报警码描述及其报警类型

报警码	报警描述	报警类型
0x01	叶绿素超量程	叶绿素浓度值超出范围或测量窗体前面有物体遮挡，如果放在清水中测量依旧超量程，需联系客服
0x02	温度超量程	实际水温超出范围或温度传感器故障
0x03	光强信号超范围	测量窗体前面有物体遮挡，如果放入清水中光强依旧超范围，需联系客服
0x81	温度传感器故障	温度传感器出现故障，需联系客服
0x82	电机故障	断电重启后，如果依旧提示故障，需联系客服
0x83	内部电压基准故障	断电重启后，如果依旧提示故障，需联系客服

若发现仪器故障需对仪器设备进行备件更换时必须断开设备主供电以确保更换部件时不会发生触电危险。

更换普通备件后应进行标准溶液核查工作，关键部件更换后需对仪器进行多点线性核查保障仪器正常运行。

八、运行维护流程

检查线缆：检查所有连接的信号电源电缆是否有断裂，如果有断裂仪器将无法正常工作。

检查外观：检查仪表和传感器外壳是否有破损和腐蚀。

传感器不使用时，请放在纸箱内，常温避光保存。注意不要挤压测量窗和清洁刷。

九、清洁传感器

1. 清洗设备

定期清洗控制器和传感器，要特别注意测量窗口的清洗。保持传感器测量窗口的清洁对于获得正确的测量数据非常重要，应该定期检查测量窗口是否有污染物或者清洁刷损坏。如果遇到清洁刷无法清洁的污染物时，请使用潮湿的镜头纸或者布轻轻地擦拭传感器测量窗口表面，对于不易溶解的污染物，建议使用低浓度的酸性溶液，切勿使用酒精或其他有机溶剂清洗。

2. 更换清洁刷

定期更换清洁刷。拆下原清洁刷后，将新的清洁刷安装上去即可。

十、评价反馈

本次任务完成后，请你参考表 5.11 小组评价表开展自评，然后交小组长评价，最后由指导教师进行评价。

表 5.11　叶绿素在线水质自动监测仪器定期维护学习情境小组评价表

序号	检查项目	评定参考标准	评价			备注
			自评	小组	教师	
1	试剂配制	试剂配制操作规范				
2	试剂更换	能正确按照步骤操作，能将各类试剂放置到正确位置，正确进行试剂填充操作				
3	记录表格	记录表格记录正确，清晰明了，无随意涂改痕迹（应采用杠改）				
4	清洗水样杯	水样杯无明显水珠或挂壁现象				
5	仪器校准	试剂更换后，校准结果有效				
6	标样核查	测试结果在±10%误差范围内				
7	安全	操作期间正确佩戴防护用品，无事故				
8	文明	任务完成后及时清洗用具、仪器				

任务二　生物毒性监测

一、学习目标

了解生物毒性水质自动监测仪器的方法原理，掌握仪器定期维护的内容、试剂的配制与更换方法。

二、学习情境

某水站的生物毒性水质自动监测仪器需进行定期维护,包括更换全部试剂、更换蒸馏水、更换标准溶液和倾倒废液等工作,现在请你完成相应的定期维护任务并填好记录,任务书如表 5.12 所示。

表 5.12 定期维护任务书

维护任务	配制并更换试剂、更换蒸馏水、更换标准溶液、清洗采样杯和管路
检查意见:	
签章	

三、任务分组

将学生分组情况填入表 5.13 中。

表 5.13 学生任务分组

班级		组别		指导老师	
组长				学号	
组员	姓名		学号	任务分工	

四、知识准备

1. 方法原理

发光细菌水质生物毒性分析技术是建立在细菌发光生物传感方法基础上的毒性分析技术,它能有效地检测突发性或破坏性的环境污染。发光细菌的发光过程是菌体内一种新陈代谢的生理过程,是光呼吸进程,该光的波长在 490nm 左右。这种细菌发光过程极易受到外界条件的影响,凡是干扰或损害细菌呼吸或生理过程的任何因素都能使细菌发光强度发生变化。当有毒有害物质与发光细菌接触时，水样中的毒性物质会影响发光菌的新陈代谢，发光强度的减弱程度与样品中毒性物质的浓度成正比。也就是说当这些细菌与毒素接触之后，发光量就会降低；样品的毒性越高，细菌的发光量越低。因此，测量健康细菌与接触毒素的细菌之间发光量的变化，就可指示出水样中是否存在有毒物质。

2. 仪器结构

通过对生物毒性仪整体技术要求、内部各部件布局以及所有子模块的安装方式来实现机械结构的设计。该设计分为整机外观结构设计、内部各部件布局设计。其中整机外观结构设计要考虑可生产性和可维护性，以及易于搬运和安装的因素。内部各部件布局设计则要遵循紧凑、美观，方便布线及流路连接的原则。仪器结构示意图见图 5.9。

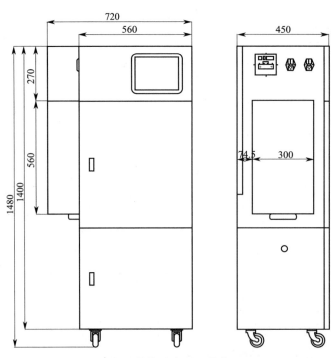

图 5.9 仪器结构示意图（单位：mm）

3. 仪器界面

开机初始化完成，仪器自动进入主界面（图 5.10）。屏幕为触摸操作方式。

主界面中不同功能模块的功能如下：

① 第一行，右上角点击【启动】仪器启动运行，按钮切换为【停止】，点击【停止】仪器停止运行。

② 第二行，显示相对发光度，以百分数的形式表示。

③ 第三行，样本数据箭头处于绿色区域内，表示水样数据合格。质控数据箭头处于绿色区域内，表示质控数据合格。下方的时间为测量启动时记录的时间。

图 5.10　仪器开机主界面

④ 样本和质控右方区域显示仪器实时状态。

⑤ 若水样测试结果超出报警设定上限或下限，界面显示报警信息。可在【运行设置】界面【接口配置】中关闭或打开报警功能。

4. 应急处理

当设备出现故障时，可在【故障诊断】界面对故障进行初步排查。

当更换试剂时遇到下列紧急情况，可按此进行应急处理。

① 皮肤接触。立即用大量水冲洗，严重时立即就医。

② 溅入眼睛。切不可揉眼睛，张开眼睑，立即用流水彻底冲洗，并就医。

③ 误服。立即用氧化镁悬浮液、牛奶、豆浆等内服并及时就医。

④ 火灾。用二氧化碳灭火器扑灭火焰后再用石灰、石灰石等中和废酸。

五、工作计划

按照收集的资讯和决策过程，请你制订一个生物毒性水质自动监测定期维护的工作计划，计划应包括工作内容及分工、所需工具等，并完成表 5.14、表 5.15。

表 5.14　定期维护工作计划（示例）

序号	工作内容	分工
1	配制试剂、标准溶液	
2	更换试剂	
3	更换标准溶液	
4	更换纯水	
5	清洗采样杯及管路	
6	检查管路	
7	填写记录表格	

表 5.15　所需工具、药品及器材清单

序号	名称	型号与规格	单位	数量	领用人

六、实施过程

1. 发光细菌冻干粉的复苏

按表 5.16、表 5.17 准备好相应的药品、器皿和工具。按照以下步骤复苏发光细菌冻干粉。

[注意] 配试剂使用的化学试剂等级必须是优级纯；配制试剂用水应为不含还原性物质的纯净水。

表 5.16　所需药品及用途

药品名称	用途
发光细菌冻干粉	对水中毒性进行测试
复苏稀释液	复苏发光细菌
渗透压调节液	调节渗透压

表 5.17　所需器皿及工具规格

器皿及工具名称	规格
移液器及配套枪头	1mL、5mL

整个复苏过程中双手不要接触发光菌液部分的瓶子外壁。

① 从 −20℃ 冰箱中取出 3 瓶发光细菌冻干粉；

② 迅速向每瓶发光细菌中加入 2.5mL 复苏液，轻摇瓶体，使菌液混合均匀，置于室温下平衡复苏 15min（若使用 1mL 移液器，则分三次快速加入 1mL、1mL、0.5mL 复苏液）；

③ 待复苏完成后，把 3 瓶复苏好的菌液倒入洗净的发光菌储存杯中，并放入搅拌子（保证搅拌子在储存杯中央）；

④ 待仪器达到预设温度后，将发光菌储存杯置于发光菌储存槽中，以备测试。

2. 更换试剂

① 检查盐水槽有无结晶，若有结晶需清除结晶后添加渗透压调节液。盐水槽如图 5.11 所示。

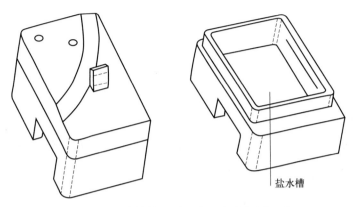

图 5.11　盐水槽外观图（左）和内部图（右）

② 更换新的质控液。

③ 更换新鲜菌悬液（复苏过程参考试剂说明书）。菌液储存模块如图 5.12 所示。

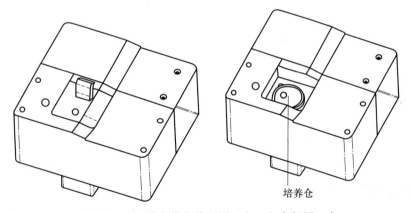

图 5.12　菌液储存模块外观图（左）和内部图（右）

3. 更换标准溶液

① 将需要更换的旧标准溶液收集到废液桶。

② 用标准溶液洗 2～3 次对应的试剂瓶。

③ 加入新的标准溶液，盖好瓶盖，接通试剂管路。

4. 更换纯水

① 将需要更换的纯水收集到废液桶。

② 用纯水洗 2～3 次对应的试剂瓶。

③ 加入纯水，盖好瓶盖，接通试剂管路。

④ 进行纯水管路填充工作。

5. 清洗采样杯

① 将仪器切换至待机状态，排出水样杯内剩余水样。

② 用纯水反复进行冲洗。

③ 用纯水冲洗干净后，检查无漏水现象。

6. 检查管路

按照标签依次检查所有线材、管路和试剂瓶是否正确、完整，试剂瓶盖是否盖好。

7. 常规检查

操作人员需要进行以下例行检查：

① 检查参考水和样本水是否正常流动和溢出，确保管路无破损和漏液；

② 检查废液通道是否堵塞，是否漏液。

8. 填写记录表格

将试剂更换情况填入试剂更换表格（表5.18）。

表 5.18 试剂更换表格

监测项目	试剂名称	有效期检查	配制人员	配制日期	更换人员	更换日期

七、常见问题及处理

常见问题及其可能原因、处理措施见表5.19。

表 5.19 常见问题及其可能原因、处理措施

序号	常见问题	可能原因	处理措施
1	测量结果异常	试剂余量过低	补充试剂
		试剂被污染或过期	更换新的试剂
2	纯水光损失超过±5%	液路漏水或漏气	检查液路。如有必要，请联系客服
		测量仓长时间未清理	清理测量仓
3	水样更新异常	水样蠕动泵问题	检查蠕动泵管和连接管道
		水样管被较大颗粒堵住	检查或更换水样管
4	通信失败	连接线路故障	1. 检查更换通信线路； 2. 联系客服

八、运行维护流程

1. 常规检查

操作人员需要进行以下例行检查：

① 检查参考水和样本水是否正常流动和溢出，确保管路无破损和漏液；

② 检查废液通道是否堵塞，是否漏液。

2. 半月维护

（1）维护准备

① 维护过程中需要的工具：小号十字旋具，小镊子，小号软毛试管刷，洗瓶，洗耳球。

② 维护过程中需要的耗材：干净的纱布或无尘布，棉签，75%的酒精，去离子水或纯净水。

[注意] 仪器在维护前都需要关闭仪器，以免损坏测量模块！

（2）清洗加样针

用纱布或无尘布蘸取酒精后轻轻擦拭加样针表面，重复擦拭几次后再用蒸馏水清洗针表面，保证针外部清洁。

（3）测量仓维护

用棉签来回擦拭测量仓内壁，然后用洗瓶反复冲洗槽壁，直至测量槽内无杂物，最后用干净棉签擦干内壁。

（4）发光菌混合槽维护

用棉签来回擦拭混合槽内壁，然后用洗瓶反复冲洗槽壁，直至测量槽内无杂物，最后用干净棉签擦干内壁。

（5）水样混合槽维护

取出石英试管，用棉签擦拭试管内壁，再用洗瓶反复冲洗内壁；用干净的无尘布擦拭试管外壁；用棉签将放置石英试管的混合槽擦拭干净；将试管放回混合槽内。

（6）清洗发光菌储存杯

取出发光菌储存杯，用棉签擦拭杯内壁；用洗瓶反复冲洗内壁3~4次；将储存杯倒置，沥干备用。

（7）添加试剂

① 检查盐水槽有无结晶，若有结晶需清除结晶后添加渗透压调节液；

② 更换新的质控液；

③ 更换新鲜菌悬液（复苏过程参考试剂说明书）。

3. 每月维护

（1）清洗清洗槽

用干净棉签来回擦洗清洗槽内外，再用洗瓶反复冲洗，直至无杂物。

(2) 清洗参考水槽

用洗耳球将参考水槽内水吸干,再用干净棉签清洗槽内外,最后用洗瓶反复冲洗,直至无杂物。

(3) 清洗水样槽

用洗耳球将清洗水样槽内水吸干,再用干净棉签清洗槽内外,最后用洗瓶反复冲洗,直至无杂物。

(4) 清洗盐水槽

弃掉盐水槽中剩余液体,将盐水槽内清洗干净。

4. 每年维护

(1) 更换蠕动泵管

截取同样规格的软管替换旧软管。

(2) 加样针维护

彻底清洗加样针内外壁,若针弯曲变形需更换加样针。

(3) 倾倒废液、补充参考水

根据测量频次不同,请及时清空废液。

根据测量频次不同,请及时补充参考水。

5. 质控手段

为确保测试数据的有效性和真实性,仪器设备应定期进行相应的质控手段,包括纯水光损失、质控样核查等。

① 每日上午、下午通过数据平台软件远程调看水站监测数据一次,根据情况组织开展巡检、核查、维修等工作,确保仪器设备正常、安全地运行。

② 每周应对仪器进行周质控测试,测试纯水光损失和质控样是否满足质控要求,必要时进行仪器检查及维护。每周检查仪器废液桶废液量,定时清空废液桶。

③ 每季度应检查仪器检测池、管路、定量模块清洁情况;定时清洗上述部件,必要时更换耗件。

④ 除质控手段外,运维人员每周到达现场后需对仪器各耗件、配套部件、试剂余量进行查看,发现故障及时处理,试剂余量不足时及时更换。如若短时间停机(停机小于24h),一般关机即可,再次运行时仪器须更换试剂。若长时间停机无法恢复时应更换备机,直至设备恢复正常。

九、更换耗件

蠕动泵管及加样管更换:更换前将管路液体排空后取下管路连接接头,新管路截取合适长度后将接头重新安装回对应接头处。

十、评价反馈

本次任务完成后，请你参考表 5.20 小组评价表开展自评，然后交小组长评价，最后由指导教师进行评价。

表 5.20　生物毒性水质自动监测仪器定期维护学习情境小组评价表

序号	检查项目	评定参考标准	评价 自评	评价 小组	评价 教师	备注
1	试剂配制	试剂配制操作规范				
2	试剂更换	能正确按照步骤操作,能将各类试剂放置到正确位置,正确进行试剂填充操作				
3	记录表格	表格记录正确,清晰明了,无随意涂改痕迹（应采用杠改）				
4	清洗水样杯	水样杯无明显水珠或挂壁现象				
5	安全	操作期间正确佩戴防护用品,无事故				
6	文明	任务完成后及时清洗用具、仪器				

任务三　挥发性有机物（VOCs）监测

一、学习目标

了解 VOCs 水质自动监测仪器的方法原理、掌握仪器定期维护的内容、试剂的配制与更换方法。

二、学习情境

某水站的 VOCs 水质自动监测仪器需进行定期维护，包括更换全部试剂、更换标准溶液等工作，现在请你完成相应的定期维护任务并填好记录，任务书如表 5.21 所示。

表 5.21　定期维护任务书

维护任务	配制并更换试剂、更换标准溶液、清洗采样杯和管路
检查意见：	
签章	

三、任务分组

将学生分组情况填入表 5.22 中。

表 5.22　学生任务分组

班级		组别		指导老师	
组长			学号		
组员	姓名		学号	任务分工	

四、知识准备

1. 方法原理

全自动 VOCs 监测系统提供水或空气中 VOCs 的在线连续监测，可编程的样品采集系统，能够在现场快速分析当前水样的情况，无须对水样进行预处理。水样分析开始前，待分析样品被注入 VOCs 仪器底部的采样水杯中，多余的水从溢流口流走，上样结束后，VOCs 仪器开始运行自动内标校准方法，若内标校准正常则开始运行样品的 VOCs 分析方法。此时，气泡状的氩气通过吹气管进入水中，当气泡上升时，一部分 VOCs 被氩气吹脱从水相变为气相，在采样管顶部被 VOCs 仪器内部采样泵引入 VOCs 仪器内，并被 VOCs 仪器内置浓缩阱吸附浓缩，这种采样方式称为"吹扫捕集"。然后由加热浓缩器和逆向载气流将 VOCs 解析后进入气相色谱仪的色谱柱进行分离，然后利用 MAID 检测器检测，通过建立好的标准曲线对每种 VOC 进行定性定量分析，并自动生成检测报告。VOCs 仪器内置的 Ftp 上传程序可以把原始图谱和报告文件上传至指定服务器。

2. 仪器结构

水站采样系统将河水通过水管引入安装在 CMS5000 底部的采样杯中，多余的水通过溢流口排出。上样过程结束后，工控机触发仪器运行方法后，仪器先运行自动内标校准方法"XXXXXCMS5000CkStd"，此时不采集水中的 VOCs。内标校准完成后接着运行水中 VOCs 分析方法"XXXXXCMS5000WaterPurge"，此时，仪器自动运行两个程序，作用分别是制造顶空，把 Tube 管上部顶空里的空气排除，以及把水中的 VOCs 吹扫出来，用吹扫出来的样品气体清洗净化管线，为样品采集做准备。仪器结构如

图 5.13。

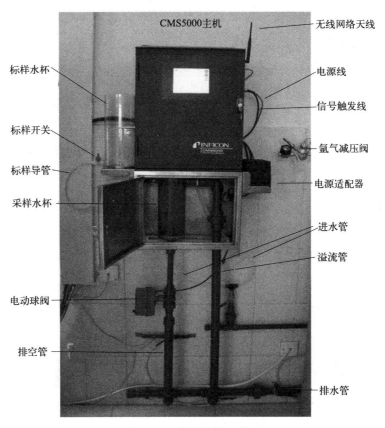

图 5.13　仪器结构示意图

通过样品采集管，仪器内置采样泵会把吹扫出来的置于样品采集管顶部的 VOCs 富集到仪器的浓缩管里，然后经过高温解析进入气相色谱仪进行分离分析。

分析完样品后，通过控制电动球阀将水杯中水排走，同时还可在分析间隔中用自来水对水杯进行冲刷自清洗，有效减少采样杯底的污泥的沉积。

3. 仪器界面

（1）开机主界面

仪器开机后操作界面默认位于主界面，如图 5.14 所示。

（2）仪器各功能按键

状态按钮提供各种系统参数的实时数据，这些参数包括系统选项，TIME（时间）选项，NET（网络）选项，STAT（状态）选项和 FIRM（固件）选项。

第一个选项 SYS，提供主机名、系列号、版号、建立日期、空闲磁盘空间、固件版号和启动方法等系统信息。主机名用于计算机通信，系列号用于识别仪器，版号显示装载在系统上的 VOCs 软件版号，建立日期是软件发布的日期和时间，空闲磁盘空间是用于数据贮存的空闲磁盘空间量，最后一项启动方法是仪器接通电源后自动运行的方

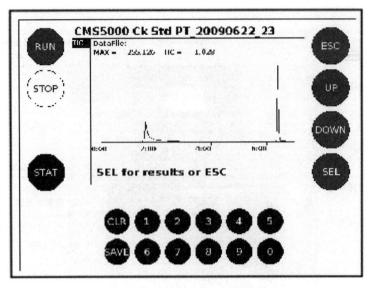

图 5.14 仪器开机主界面

法。如图 5.15。用向上和向下箭头键导航整个 SYS 选项。

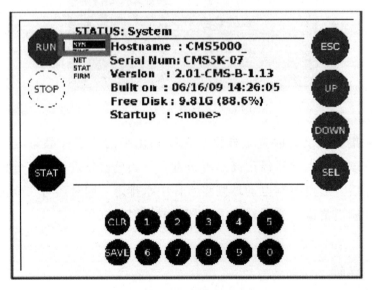

图 5.15 仪器界面

TIME 选项给出日期、时间（24h 格式）和时区，这个选项用于数据文件的时间戳。

NET 选项显示地址和子网掩码，这些可用于设置 VOCs 仪器与计算机之间的通信，可将数据从 VOCs 仪器传送至计算机，用于分析与贮存。

STAT 选项显示温度读值和气体压强，包括调温加热器、校验标准阀、恒温槽柱和检测器的当前温度和设点温度。水样温度显示位于架构中间，下面则显示仪器插件板的插件架温度。氩气的压强列于显示屏的最后一行，如气压低至 380kPa 时，将显示警告，低至350kPa时，将显示误差信息。

FIRM选项显示气相色谱仪（GC）和面板（FP）的固件版号。

五、工作计划

按照收集的资讯和决策过程，请你制订一个VOCs水质自动监测仪定期维护的工作计划，计划应包括工作内容及分工、所需工具等，并完成表5.23、表5.24。

表5.23 定期维护工作计划（示例）

序号	工作内容	分工
1	配制试剂、标准溶液	
2	更换试剂	
3	更换标准溶液	
4	更换纯水	
5	清洗采样杯及管路	
6	检查管路	
7	仪器校准	
8	标样核查	
9	填写记录表格	

表5.24 所需工具、药品及器材清单

序号	名称	型号与规格	单位	数量	领用人

六、实施过程

1. 配制标准溶液

按照表5.25准备好相应的器皿和工具，按以下步骤配制标准溶液。

① 准备浓度为2000mg/L的18种VOCs标准溶液（溶于甲醇中）。每次打开标准溶液安瓿瓶后立即分装，并用封口膜封好，保存在冰箱中备用，一般保存时间为3个月。

② 用100μL移液器移取100μL 18种VOCs标准溶液置于100mL容量瓶中，用超纯水定容后摇匀得到浓度为2000μg/L的18种VOCs母液。

表 5.25　所需器皿及工具规格

器皿及工具名称	规格
容量瓶	100mL,2000mL
移液管	1mL,2mL,5mL,10mL
移液器	100μL,1000μL
洗瓶	500mL
洗耳球	90mL

③ 按照表 5.26 分别用移液管或移液器准确移取 1、2、5、8、10mL 母液置于 2000mL 容量瓶中，用超纯水定容到 2L 后分别得到 1、2、5、8、10μg/L 的标准溶液。

表 5.26　试剂配制及用量

序号	18 种 VOCs 母液体积/mL	所加入超纯水体积/mL	标准溶液浓度/(μg/L)
空白	0	2000	0
Std1	1	1999	1
Std2	2	1998	2
Std3	5	1995	5
Std4	8	1992	8
Std5	10	1990	10

2. 制备质控样和空白样

移取 5mL 18 种 VOCs 母液置于 2000mL 容量瓶里，用超纯水定容后作为加标样品。

取 2L 超纯水作为空白水样。

3. 氩气供应与更换流程

一般说来，一瓶 40L 充满到 10MPa 的氩气瓶，在保证不漏气的情况下可以正常使用 3 个月的时间。如需更换，流程如图 5.16。

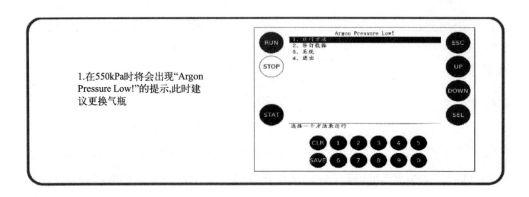

1.在550kPa时将会出现"Argon Pressure Low!"的提示,此时建议更换气瓶

2.氩气低于345kPa时会有"REPLACE ARGON CYLINDER!"的提示,此时要继续运行方法,必须更换氩气瓶

3.从CMS5000拔出快速接头

4.关闭气瓶,用扳手卸下减压阀

5.更换新的气瓶后,重新安装减压阀,先把螺纹放在正确位置

6.用扳手拧紧减压阀,打开气罐放气5s

7.把快速接头抵在坚硬的表面,让管路清洗5s

8.把快速接头接到CMS5000上

图 5.16　更换氩气瓶流程图

第一次调试时内标一般需要至少24h才能完全稳定,如果只是短时间停电或关机、换气等,则可在几个小时内即可达平衡,当然,停电或换气所耗时间越长,平衡所需时间越长。在内标未达平衡期间分析的几个样品,可能对结果有一定影响,未校准值也可

能超出范围,但内标达平衡后,分析结果将不受影响,未校准值也将恢复正常。

4. 检查管路

按照标签依次检查所有线材、管路和试剂瓶是否正确、完整,试剂瓶盖是否盖好。

5. 校准仪器

全部更换完毕并检查无误,按照图5.17进行一次仪器校准工作。

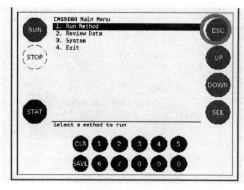

1.按ESC直至显示主菜单　　　　　2.点亮运行方法,按SEL

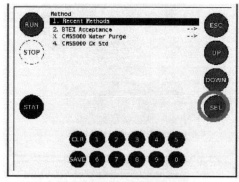 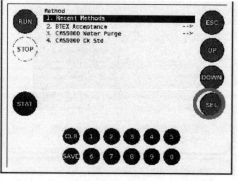

3.用向上和向下键点亮所需的方法　　　4.系统开始加热,作运行准备

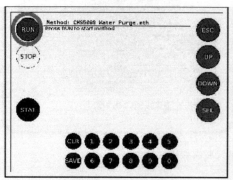 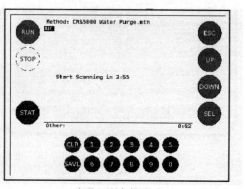

5.出现提示"按RUN开始方法"　　　6.出现"开始扫描"信息

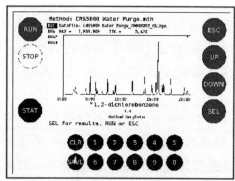

7. 扫描完毕，出现色谱图　　　　　　8. 运行方法，按"RUN"

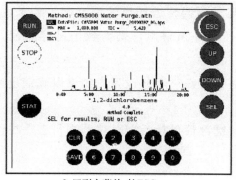 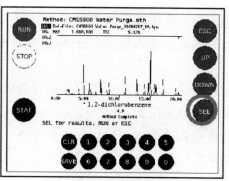

9. 回到主菜单，按ESC　　　　　　10. 查阅运行结果，按SEL

图 5.17　仪器校准流程图

6. 填写记录表格

将试剂更换情况填入试剂更换表格（表 5.27）。

表 5.27　试剂更换表格

监测项目	试剂名称	有效期检查	配制人员	配制日期	更换人员	更换日期

七、常见问题及处理

① 现场无法联机操作　由于联机方式有两种，无线网卡和本地网卡连接，因此首先需要确认是哪种方式出了问题，如果是其中一种有问题，则可能是联机设定中操作有

问题。如果是两种都有问题，则可通过 Ping CMS5000 来确定现场故障原因，如果 Ping 不通，则仪器内部控制通信号有故障，如果 Ping 通了，说明联机设定中操作有问题。

② 仪器无法运行方法　如果工控机触发方法运行信号或手动运行方法后，方法不能正常运行，仪器操作面板上有错误信息出现。请将错误信息发给 INFICON，并电话通知检查解决。

③ 某一时段的数据丢失　手动运行一个 CMS5000 方法，检查数据是否正常。如果手动运行，数据无问题，则需检查 CMS5000 触发线连接是否正常。如果手动运行数据也有问题，则可能是仪器方法出现故障或仪器数据处理有问题，需要联系工程师解决。

④ 水位不正常　由于水压的变化，可能引起上样时采样水杯中的水位不够，或进样水流量太大，直接从水杯顶冒出等问题，则需要调整进样口的手动阀。若水位不够，则加大进样流速，开大阀门；如果有水从采样水杯顶冒出，则需减小进样流速，关小阀门。

若发现仪器故障需对仪器设备进行备件更换时必须断开设备主供电以确保更换部件时不会发生触电危险。

更换普通备件后应进行标样核查工作，关键部件更换后需对仪器进行多点线性核查保障仪器正常运行。

八、运行维护流程

1. 检查仪器运行情况与数据上传情况

每天需要检查分析数据有没有正常获得，可以通过远程连接上仪器或通过查看 Ftp 服务器检查，查看 CMS5000 上的硬盘中的数据是否完整，Ftp 服务器上数据是否完整，CMS5000 硬盘上 Ftp Log 日志文件中上传文件是否正常。

2. 检查内标校准运行情况

查看内标运行的图谱和报告，查看色谱图是否正常，保留时间偏差是否在允许范围内（可被积峰参数自动识别为内标），同时未调整值是否在 70～100 之间（未校准前浓度在 70～130 之间），调整后值为 100。

3. 检查水样采集是否正常

例行水站检查时，检查 CMS5000 水样采集系统是否正常，有无漏水断水现象，查看上样后水位是否超过了采样水杯中样品采集管上方的两个圆孔。

4. 清洗采样杯

CMS5000 与现有水站采样系统进行整合后，整个采样流程可以通过工控机控制，水样在样品分析之前不仅可以及时采集到采样杯中、分析结束后通过电动球阀将水样及时排走，还在待机过程中增加了使用自来水对采样杯进行冲刷达到自清洗的功能，以避免水样泥沙含量较大时在杯底残留泥污，大大减少了人工清洗的频次。

如需清洗采样杯，可按下述步骤进行：
① 松开电磁阀上的水管接头；
② 松开采样水杯底部底座；
③ 将刷子由采样水杯底伸入内壁清洗；
④ 旋紧采样水杯底部底座（最好裹几层生胶带以防止漏水）；
⑤ 旋紧电磁阀上的水管接头。

九、更换耗件

氩气供应与更换：一般说来，一瓶 40L 充满到 10MPa 的氩气瓶，在保证不漏气的情况下可以正常使用 3 个月的时间。

仪器第一次调试时内标一般需要至少 24h 才能完全稳定，如果只是短时间停电或关机、换气等，则可在几个小时内即可达平衡，当然，停电或换气所耗时间越长，平衡所需时间越长。在内标未达平衡期间分析的几个样品，可能对结果有一定影响，未校准值也可能超出范围，但内标达平衡后，分析结果将不受影响，未校准值也将恢复正常。

十、评价反馈

本次任务完成后，请你参考表 5.28 小组评价表开展自评，然后交小组长评价，最后由指导教师进行评价。

表 5.28 VOCs 水质自动监测仪器定期维护学习情境小组评价表

序号	检查项目	评定参考标准	评价			备注
			自评	小组	教师	
1	试剂配制	试剂配制操作规范				
2	试剂更换	能正确按照步骤操作,能将各类试剂放置到正确位置,正确进行试剂填充操作				
3	记录表格	记录表格正确,清晰明了,无随意涂改痕迹（应采用杠改）				
4	清洗水样杯	水样杯无明显水珠或挂壁现象				
5	仪器校准	试剂更换后,校准结果有效				
6	标样核查	测试结果在 ±10% 误差范围内				
7	安全	操作期间正确佩戴防护用品,无事故				
8	文明	任务完成后及时清洗用具、仪器				

项目六

质量控制

📚 知识目标

1. 了解质量控制的总体目标；
2. 了解和熟悉质量控制的总体要求；
3. 了解各监测项目质量保证与质量控制措施的任务要求。

👨‍🏫 能力目标

1. 掌握质量保证与质量控制措施；
2. 掌握监测数据有效性评价方法；
3. 掌握水质自动监测站质控措施检测方法。

➡️ 素质目标

1. 能够分析、计算数据，养成科学、严谨和一丝不苟的态度；
2. 树立高度的责任心，养成敢于担当的工作态度。

一、总体目标

建立由日质控、周核查、月质控等多级质控措施以及仪器关键参数上传、远程控制等组成的多维度质控体系，以保证地表水水质自动监测站数据质量。

二、总体要求

① 当监测项目水体浓度连续超出仪器当前跨度值时，应重新确定跨度，并进行标样核查；当监测项目水质类别发生变化但未超出当前跨度值时，可继续使用当前跨度。

② 当监测项目上一个月20d以上为Ⅰ~Ⅱ类时，质控措施应按照Ⅰ~Ⅱ类水体的

质控要求进行；否则质控措施应按照Ⅲ～劣Ⅴ类水体的质控要求进行。

③ 自动监测仪器零点核查、跨度核查、水样测试应使用同一量程或同一稀释流程（稀释倍数），所选跨度核查液浓度应大于当前水体浓度值。

④ 每周进行的质控措施，与前一次间隔时间不得小于 4d；每月开展的质控措施，与前一次间隔时间不得小于 15d。

⑤ 所有维护及质控测试均应形成记录。

三、质量保证与质量控制措施

1. 质量保证与质量控制任务要求

水站应按照表 6.1 规定的质控项目开展水站质控措施，实施频次应不低于表 6.1 规定。

表 6.1　质控措施及实施频次

质控措施	水质类别		质控频次	实施对象
	Ⅰ～Ⅱ类水体	Ⅲ～劣Ⅴ类水体		
零点核查	√	√	每天	氨氮、高锰酸盐指数、总磷、总氮
24h 零点漂移	√	√	每天	
跨度核查	√	√	每天	
24h 跨度漂移	√	√	每天	
标样核查	√	√	每 7 天	常规五参数
多点线性核查	√	√	每月	氨氮、高锰酸盐指数、总磷、总氮
实际水样比对	—	√	每月	常规五参数、氨氮、高锰酸盐指数、总磷、总氮
集成干预检查	—	√	每月	氨氮、高锰酸盐指数、总磷、总氮（浮船站除外）
加标回收率自动测试	—	√	每月	

　　水样比对　　　　　　多点线性　　　　　　集成干预　　　　　　加标回收

① 针对所有水站，氨氮、高锰酸盐指数、总磷、总氮应每 24h 至少进行 1 次零点核查和跨度核查；每月至少进行 1 次多点线性核查。

② 针对Ⅲ～劣Ⅴ类水体，氨氮、高锰酸盐指数、总磷、总氮每月至少进行 1 次实际水样比对，Ⅰ、Ⅱ类水体至少半年进行一次实际水样比对。

③ 针对Ⅲ～劣Ⅴ类水体，除浮船站外氨氮、高锰酸盐指数、总磷、总氮每月至少进行 1 次集成干预检查（浊度大于 1000NTU 可不进行集成干预检查）和 1 次加标回收率自动测试。

④ 常规五参数应每月进行 1 次实际水样比对；每周进行 1 次标样核查。浮船站如遇到天气原因无法登船的可延后进行。

2. 维护后质控措施实施任务要求

① 更换试剂（清洗水除外）后，应进行校准；

② 当监测仪器关键部件更换后，应进行多点线性核查，必要时应开展实际水样比对；

③ 当监测仪器长时间停机恢复运行时应进行多点线性核查和集成干预检查。

3. 其他质控任务要求

① 监测仪器不允许屏蔽负值；

② pH 选用 25℃ 时 pH 值为 4.01、6.86、9.18 左右的标准 pH 缓冲溶液进行核查，每月至少应进行 2 个不同 pH 值标准溶液核查；

③ 溶解氧每月应进行无氧水核查和空气中饱和溶解氧核查；

④ 电导率和浊度每月应采用与监测断面水质监测项目浓度相接近的标准溶液及其 2 倍左右浓度标准溶液进行核查；

⑤ 当水站相关质控测试结果接近质控要求限值时应及时进行预防性维护；

⑥ 多点线性核查未通过时，维护后应先进行零点/跨度核查，通过后再进行多点线性核查；

⑦ 加标回收率自动测试、集成干预检查、实际水样比对未通过时，应进一步排查原因，直至核查通过；

⑧ 每月对备机进行一次标样核查。

4. 各项目质控措施任务要求

（1）氨氮、高锰酸盐指数、总磷、总氮质控措施任务要求

氨氮、高锰酸盐指数、总磷、总氮的质控措施应满足表 6.2 要求。

表 6.2　氨氮、高锰酸盐指数、总磷、总氮质控措施任务要求

质控措施		技术要求				检测方法	备注
		高锰酸盐指数	氨氮	总磷	总氮		
零点核查	Ⅰ～Ⅲ类水体	±1.0mg/L	±0.2mg/L	±0.02mg/L	±0.3mg/L	附录	
	Ⅳ～劣Ⅴ类水体	±5%FS					
24h 零点漂移		±10%	±5%			附录	
跨度核查		±10%（非浮船站）	±15%（浮船站）	±10%		附录	
24h 跨度漂移		±10%（非浮船站）	±15%（浮船站）	±10%		附录	
多点线性核查	相关系数 r	≥0.98				附录	可使用当日质控测试结果且在当日完成
	示值误差（浓度＞20%FS）	±10%					
	示值误差（浓度≤20%FS）	参照零点核查要求					

续表

质控措施	技术要求				检测方法	备注
	高锰酸盐指数	氨氮	总磷	总氮		
实际水样比对	$C_x > B_{IV}$	相对误差≤20%			附录	
	$B_{II} < C_x \leq B_{IV}$	相对误差≤30%				
	$C_x \leq B_{II}$	相对误差≤40%				
	除湖库总磷外,当自动监测结果和实验室分析结果均低于B_{II}时,认定比对实验结果合格。 当湖库总磷自动监测结果和实验室分析结果均低于B_{III}时,认定比对实验结果合格。 注:①C_x为实验室分析结果; ②B为《地表水环境质量标准》(GB 3838—2002)规定的水质类别限值; ③总氮河流无水质类别标准,可参考湖库标准。					
加标回收率自动测定	80%～120%				附录	浮船站除外
集成干预检查	±10%				附录	浮船站除外

(2) 常规五参数质控措施任务要求

常规五参数每周开展的标准溶液考核和每月开展的实际水样比对应满足表 6.3 要求。

表 6.3 常规五参数质控措施要求

监测项目	技术要求				检测方法
	标准溶液考核		实际水样比对		
水温	—		±0.5℃		附录
pH	±0.15		±0.5		附录
溶解氧	±0.3mg/L		±0.5mg/L		附录
			溶解氧过饱和时不考核		
电导率	标准溶液值>100μS/cm	±5%	电导率>100μS/cm	±10%	附录
	标准溶液值≤100μS/cm	±5μS/cm	电导率≤100μS/cm	±10μS/cm	
浊度	浊度≤30NTU; 浊度≥1000NTU	不考核	浊度≤30NTU; 浊度≥1000NTU	不考核	附录
	30NTU<浊度≤50NTU	±15%	30NTU<浊度≤50NTU	±30%	
	50NTU<浊度<1000NTU	±10%	50NTU<浊度<1000NTU	±20%	

(3) 叶绿素 a、蓝绿藻密度质控措施任务要求

叶绿素 a、蓝绿藻密度多点线性核查每个浓度的示值误差、多点线性核查相关系数应满足表 6.4 要求。

周质控

表 6.4　叶绿素 a、蓝绿藻密度质控措施任务要求

监测项目	质控项目	技术要求	检测方法
叶绿素 a	多点线性核查	零点绝对误差应为≤3倍检出限,其他点相对误差应≤±5%,线性相关系数应≥0.993	附录
蓝绿藻密度	多点线性核查		

四、监测数据有效性评价

1. 有效性评价

① 当零点核查、24h 零点漂移、跨度核查、24h 跨度漂移任意一项不满足表 6.2 要求时,则前 24h 数据无效;

② 水站维护、水质自动分析仪故障和质控测试期间所有缺失的监测数据均视为无效数据;

③ 当常规五参数标样核查结果不满足表 6.3 要求时,则此次至上次核查期间获取的监测数据为无效数据;

④ 质控合格后数据经审核通过后才视为有效数据。

2. 测试结果计算的修约标准

在测试计算中,所有质控测试结果计算的修约方法遵守《数值修约规则与极限数值的表示和判定》要求,具体监测项目质控测试结果计算的小数位数见表 6.5。

地表水自动监测数据处理方法及修约规则（试行）

表 6.5　监测项目质控测试结果修约要求

指标		保留小数位数
相对误差/%		1
绝对误差	水温/℃	1
	pH(无量纲)	2
	溶解氧/(mg/L)	2
	电导率/(μS/cm)	1
	浊度/NTU	1
	高锰酸盐指数/(mg/L)	1
	氨氮/(mg/L)	2
	总磷/(mg/L)	3
	总氮/(mg/L)	2
相关系数		3
加标回收率(%)		1

3. 数据有效率计算

① 数据有效率计算如下:(应获取数据－无效数据)/应获取数据×100%;

② 因停电、停水（自来水）或采水设施损坏等原因导致的停站的缺失数据不纳入应获取数据；

③ 因断流或水位过低、地震、封航、暴雨、台风等不可抗力因素停站或无法维护导致的无效数据不纳入应获取数据。

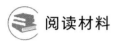
阅读材料

警示！一水质监测站涉嫌数据造假

2018年8月27日中午，中央电视台报道国务院第十八督查组在湖南株洲核查污水直排时，发现该市某水质自动监测站的水质监测探头插入矿泉水瓶，涉嫌数据造假。

对此，生态环境部组建由环境管理、环境执法、地方环保人员以及监测专家组成的调查组，于8月28日赶赴现场进行调查。生态环境部表示，将在调查组查明事实的基础上，对违法违规问题严肃处理，处理情况将及时向社会公开。

环境监测数据是客观评价环境质量状况、反映污染治理成效、实施环境管理与决策的基本依据，是推进生态文明建设和生态环境保护的重要支撑。生态环境部表示，对环境监测不当干预和弄虚作假行为，始终坚持"零容忍"，发现一起、查处一起、通报一起，不论涉及到谁，都将一查到底，决不姑息。除依法给予行政处罚外，构成犯罪的，坚决依法移交司法机关追究刑事责任，切实为生态文明建设提供坚实的基础支撑。

项目七

水质评价

📚 知识目标

1. 了解有效数据、无效数据等基本概念；
2. 了解人工审核数据的判定要求；
3. 熟悉不同监测项目评价标准。

能力目标

1. 掌握数据审核的技术要求，能结合运维质控情况、水站周边情况、佐证材料等，判定监测数据的有效性；
2. 掌握监测数据统计、计算、分析和评价方法。

素质目标

1. 养成对监测数据科学、细心、严谨的工作态度；
2. 树立良好的职业道德、行为规范；
3. 养成高度的责任心和敢于担当的工作态度。

任务一　数据审核

一、学习目标

通过本任务的学习，掌握数据审核的技术要求，能结合运维质控情况、水站周边情况、佐证材料等，判定监测数据的有效性。

国家地表水水质
自动监测数据审核
管理办法（试行）

二、学习情境

因地表水水质自动监测站长期连续运行，分析仪器可能出现故障、质控数据不满足考核要求的情况，现需要你结合相关材料开展数据审核，判定监测数据的有效性，来确保自动监测数据真实、有效，任务书如表 7.1 所示。

表 7.1 数据审核任务书

维护任务	对水质自动监测站某日的监测数据进行审核
检查意见：	
签章	

三、任务分组

将学生分组情况填入表 7.2 中。

表 7.2 学生任务分组

班级		组别		指导老师	
组长				学号	
组员	姓名		学号	任务分工	

四、知识准备

1. 有效数据

在质控合格及监测仪器正常运行时产生的监测数据。

2. 无效数据

当监测数据出现以下情况时，系统直接判定为无效数据。

① 水站停运或维护期间产生的数据；

② 水质自动分析仪出现故障时产生的数据；

③ 带有仪器通信故障、仪器离线、维护调试、缺试剂、缺纯水、缺水样等非正常标识的数据；

④ 当零点核查、24h 零点漂移、跨度核查、24h 跨度漂移任意一项不满足考核指标要求时，前 24h 内获取的监测数据；

⑤ 当常规五参数周质控结果不合格时，此次至上次核查期间内获取的监测数据；

⑥ 因电力、网络故障等原因在月度数据入库后上传的监测数据。

3. 存疑数据

当监测数据出现以下情况时，系统标记为存疑数据，需要结合运维质控情况、水站周边情况、佐证材料等开展人工审核。

① 发生突变（大于上一次监测值的 3 倍及以上或小于上一次监测值的 1/3 倍及以下）或连续不变（单个指标的测量值连续三组无变化）的监测数据；

② 为 0 值或负值的监测数据；

③ 低于仪器检出限的监测数据（氨氮、高锰酸盐指数、总磷和总氮的仪器检出限分别为 0.05mg/L、0.5mg/L、0.01mg/L 和 0.1mg/L）；

④ 超量程上限的监测数据；

⑤ 监测指标的关键参数（消解温度、消解时长、显色温度等）不在报备范围内所产生的监测数据；

⑥ 同时段氨氮大于总氮的监测数据。

4. 人工审核

人工审核存疑数据时，当出现以下情况时，可将存疑数据判定为无效数据。

① 水样测试值长期超过跨度核查标准样品浓度值的监测数据；

② 仪器更换试剂后至校准完成前所产生的监测数据；

③ 高锰酸盐指数、氨氮、总磷、总氮在正常监测周期以外上传的监测数据；

④ 未报备而进行加密监测所产生的数据；

⑤ 由于仪器或工控机死机等原因导致连续多时段数据重复时，除第一组外的其他时段监测数据；

⑥ 其他不符合运维相关规范要求导致数据有效性严重失真的监测数据。

人工审核存疑数据时，在质控合格及监测仪器正常运行时，若监测数据出现以下情况，可判定为有效数据。

① 因背景因素（如高浊度、色度水体等）、自然因素（如降雨、台风、洪涝等）、人为因素（如施工、清淤、闸控等）等原因，且能够真实反映水体水质情况的监测数据；

② 符合潮汐变化规律的感潮断面监测数据;

③ 受水生生物光合作用及呼吸作用影响,产生的 pH 值及溶解氧监测数据;

④ 氨氮和总磷长期在检出限附近,且浓度分别大于 0.2mg/L 和 0.02mg/L 的监测数据。

五、工作计划

按照收集的资讯和决策过程,请你制订一个水质自动监测数据审核的工作计划,并完成表 7.3。

表 7.3 数据审核工作计划(示例)

序号	工作内容
1	熟悉数据审核界面
2	确认无效数据
3	查看存疑数据
4	查看运维和质控情况
5	查看水站的周边情况
6	开展人工审核

六、实施过程

1. 查看运行界面

如图 7.1 所示。

图 7.1 运行界面 1

2. 确认无效数据

见图 7.2 和图 7.3。

3. 查看存疑数据

见图 7.4。

图 7.2 运行界面 2

图 7.3 运行界面 3

图 7.4 运行界面 4

4. 查看质控情况

见图 7.5。

图 7.5　运行界面 5

5. 查看系统情况

见图 7.6。

图 7.6　运行界面 6

6. 开展人工审核

要结合运维质控情况、水站周边情况、佐证材料等对系统标记存疑的数据开展人工审核。运行界面如图 7.7。

当出现以下情况时，可将存疑数据判定为无效数据。

① 水样测试值长期超过跨度核查标准样品浓度值的监测数据；

② 仪器更换试剂后至校准完成前所产生的监测数据；

③ 高锰酸盐指数、氨氮、总磷、总氮在正常监测周期以外上传的监测数据；

④ 未报备而进行加密监测所产生的数据；

⑤ 由于仪器或工控机死机等原因导致连续多时段数据重复时，除第一组外的其他

水环境质量自动监测

图7.7 运行界面7

时段监测数据；

⑥ 其他不符合运维相关规范要求导致数据有效性严重失真的监测数据。

在质控合格及监测仪器正常运行时，若监测数据出现以下情况，可判定为有效数据。

① 因背景因素（如高浊度、色度水体等）、自然因素（如降雨、台风、洪涝等）、人为因素（如施工、清淤、闸控等）等原因，且能够真实反映水体水质情况的监测数据；

② 符合潮汐变化规律的感潮断面监测数据；

③ 受水生生物光合作用及呼吸作用影响，产生的pH值及溶解氧监测数据；

④ 氨氮和总磷长期在检出限附近，且浓度分别大于0.2mg/L和0.02mg/L的监测数据。

七、评价反馈

本次任务完成后，请你参考表7.4小组评价表开展自评，然后交小组长评价，最后由指导教师进行评价。

表7.4 数据审核学习情境小组评价表

序号	检查项目	评定参考标准	评价			备注
			自评	小组	教师	
1						
2						
3						
4						
5						
6						
7						
8						

任务二 水质评价

一、学习目标

通过本任务的学习，掌握水质评价的基本要求。

二、学习情境

以水站断面位置监测的水质情况为评价对象，在水站常规项目的基础上针对主要超标指标进行评价，掌握对断面、流域的水质评价方法。任务书如表 7.5 所示。

表 7.5 水质评价任务书

维护任务	对水质自动监测站所在断面、流域进行水质评价
检查意见：	
签章	

地表水环境质量评价办法（试行）

三、任务分组

将学生分组情况填入表 7.6 中。

表 7.6 学生任务分组

班级		组别		指导老师	
组长				学号	
组员	姓名	学号		任务分工	

四、知识准备

1. 监测指标

水质自动监测站监测指标：水温、pH、溶解氧、电导率、浊度、高锰酸盐指数、氨氮、总磷、总氮共 9 项（湖库增测叶绿素 a、透明度等指标）。

地表水环境质量监测数据统计技术规定（试行）

2. 数据统计

按照《地表水环境质量评价办法（试行）》（环办〔2011〕22号）、《地表水环境质量监测数据统计技术规定（试行）》（环办监测函〔2020〕82号）的规定：

（1）周、旬、月评价

可采用一次监测数据评价；有多次监测数据时，应采用多次监测结果的算术平均值进行评价。

（2）季度评价

一般应采用2次以上（含2次）监测数据的算术平均值进行评价。

（3）年度评价

断面（点位）每月监测1次，地表水环境质量年度评价以每年12次监测数据的算术平均值进行评价，对于少数因冰封期等原因无法监测的断面（点位），一般应保证每年8次以上（含8次）的监测数据参与评价。

3. 评价方式

地表水水质评价的评价指标为pH、溶解氧、高锰酸盐指数、氨氮、总磷等5项基本指标，水温、电导率、浊度因无相应标准限值，不参与水质评价，但作为参考指标用于判断水质是否受泥沙、盐度及对溶解氧影响情况等开展监测；总氮参与湖库营养状态评价。

4. 评价标准

（1）断面

采用表7.7中的标准限值对断面水质进行类别评价。河流断面水质类别评价采用单因子评价法，即根据评价时段内该断面参评的指标中类别最高的一项来确定。描述断面的水质类别时，使用"符合"或"劣于"等词语。

表7.7 常规水质评价标准限值　　　　　　　单位：mg/L

指标	Ⅰ类	Ⅱ类	Ⅲ类	Ⅳ类	Ⅴ类
pH值（无量纲）	6～9	6～9	6～9	6～9	6～9
溶解氧	饱和率90%（或7.5）	6	5	3	2
高锰酸盐指数	2	4	6	10	15
氨氮	0.15	0.5	1.0	1.5	2.0
总磷（以P计）	0.02（湖、库0.01）	0.1（湖、库0.025）	0.2（湖、库0.05）	0.3（湖、库0.1）	0.4（湖、库0.2）

注：水质评价标准限值来源《地表水环境质量标准》（GB 3838—2002）。

（2）河流、流域（水系）

当河流、流域（水系）的断面总数少于5个时，按表7.7中标准限值先对每个断面各评价指标浓度进行类别评价，再对所有断面各评价指标浓度平均值进行类别评价。

当河流、流域（水系）的断面总数在5个（含5个）以上时，采用断面水质类别比例法，即根据评价河流、流域（水系）中各水质类别的断面数占河流、流域（水系）所有评价断面总数的百分比来定性评价其水质状况。河流、流域（水系）水质类别比例与水质定性评价分级的对应关系见表7.8。

表7.8 河流、流域（水系）水质定性评价分级

水质类别比例	水质状况	表征颜色
Ⅰ～Ⅲ类水质比例≥90%	优	蓝色
75%≤Ⅰ～Ⅲ类水质比例<90%	良好	绿色
Ⅰ～Ⅲ类水质比例<75%，且劣Ⅴ类比例<20%	轻度污染	黄色
Ⅰ～Ⅲ类水质比例<75%，且20%≤劣Ⅴ类比例<40%	中度污染	橙色
Ⅰ～Ⅲ类水质比例<60%，且劣Ⅴ类比例≥40%	重度污染	红色

五、工作计划

按照收集的资讯和决策过程，请你制订一个水质自动监测水质评价的工作计划，并完成表7.9。

表7.9 水质评价工作计划（示例）

序号	工作内容
1	监测数据统计
2	计算超标指标
3	计算超标倍数、超标天数
4	得出评价结果
5	开展水质同比评价

六、实施过程

1. 监测数据统计

例：某水站第 X 周监测结果统计见表7.10。

表7.10 某水站第 X 周监测结果统计（例） 单位：mg/L

项目	周一	周二	周三	周四	周五	周六	周日	均值	标准值
溶解氧	5.6	6.6	5.9	6.7	6.8	6.4	6.4	6.3	5
高锰酸盐指数	4.8	4.5	4.2	4.3	4.6	4.5	4.4	4.5	6
氨氮	1.2	1.0	1.1	1.0	0.9	1.2	1.0	1.1	1.0
总磷	0.15	0.18	0.30	0.33	0.31	0.18	0.19	0.23	0.20

2. 水质超标评价

将溶解氧、高锰酸盐指数、氨氮、总磷浓度均值代入污染指数（CWQI）计算公式，计算出污染指数大于1的项目为氨氮、总磷（超标评价指标）。各单项指标（除溶解氧）的污染指数计算公式如下：

$$\mathrm{CWQI}(i)=\frac{C(i)}{C_\mathrm{S}(i)} \tag{7.1}$$

式中，$C(i)$ 为参与评价的监测指标的监测值；$C_\mathrm{S}(i)$ 为参与评价的监测指标的Ⅲ类标准限值；$\mathrm{CWQI}(i)$ 为参与评价的监测指标的污染指数。

溶解氧的污染指数计算公式如下：

$$\mathrm{CWQI}(\mathrm{DO})=\frac{C_\mathrm{S}(\mathrm{DO})}{C(\mathrm{DO})} \tag{7.2}$$

式中，$C(\mathrm{DO})$ 为溶解氧指标的监测值；$C_\mathrm{S}(\mathrm{DO})$ 为溶解氧指标的Ⅲ类标准限值；$\mathrm{CWQI}(\mathrm{DO})$ 为溶解氧指标的污染指数。

将超标评价指标的污染指数分别代入超标倍数计算公式，得到超标评价指标的超标倍数（溶解氧不计算超标倍数）。

$$超标倍数 = \mathrm{CWQI}(i) - 1 \tag{7.3}$$

将所有评价指标的日均值浓度分别代入污染指数计算公式，然后统计各评价指标的污染指数大于1的天数（超标天数）及各评价指标日均浓度最大超标倍数。

将评价结果填入评价统计表，样表详见表7.11。

表 7.11 某水站第 X 周监测结果评价统计表（例）

序号	水站名称	评价时间段监测平均值/(mg/L)				超标评价指标	
		溶解氧	高锰酸盐指数	氨氮	总磷	项目及超标天数	最大超标倍数
1	某水站	6.3	4.5	1.1	0.23	氨氮4天，总磷3天	0.2倍氨氮，0.65倍总磷
评价标准		≥5	≤6	≤1.0	≤0.20	—	—

评价结果：该水站所在断面水质氨氮、总磷超标，超标倍数分别为0.1倍、0.15倍；本周氨氮、总磷日均浓度超标天数分别为4天、3天，最大超标倍数分别为0.2倍、0.65倍。

3. 水质同比评价

同比：指本年评价时间段内相应指标与去年相同评价时间段内相应指标之间的对比。

例：某水站第 X 周（同比）监测结果统计见表7.12。

表 7.12　某水站第 X 周（同比）监测结果统计（例）　　　单位：mg/L

项目		周一	周二	周三	周四	周五	周六	周日	均值	标准值
溶解氧	本期	5.6	6.6	5.9	6.7	6.8	6.4	6.4	6.3	5
	同期	4.2	5.2	5.8	6.5	6.3	6.2	6.0	5.7	
高锰酸盐指	本期	4.8	4.5	4.2	4.3	4.6	4.5	4.4	4.5	6
	同期	4.9	4.8	4.0	4.1	4.4	4.3	4.2	4.4	
氨氮	本期	1.2	1.0	1.1	1.0	0.9	1.2	1.0	1.1	1.0
	同期	0.9	1.1	0.8	1.1	1.2	0.8	0.9	0.8	
总磷	本期	0.15	0.18	0.30	0.33	0.31	0.18	0.19	0.23	0.20
	同期	0.11	0.12	0.12	0.21	0.23	0.14	0.10	0.14	

按照水质超标评价方法计算统计出去年同期的超标评价指标及超标天数、超标倍数。同比评价统计详见表 7.13。

表 7.13　某水站第 X 周监测结果评价统计表（例）

序号	水站名称	时间	评价时间段监测平均值/(mg/L)				超标评价指标	
			溶解氧	高锰酸盐指数	氨氮	总磷	项目及超标天数	最大超标倍数
1	某水站	本期	6.3	4.5	1.1	0.23	氨氮(4 天) 总磷(3 天)	0.2 倍(氨氮) 0.65 倍(总磷)
		同比	5.7	4.4	0.8	0.12	氨氮(3 天) 总磷(2 天)	0.2 倍(氨氮) 0.15 倍(总磷)
评价标准			≥5	≤6	≤1.0	≤0.20	—	—

同比评价结果：与去年同期相比，该水站所在断面水质均超标，超标项目均为氨氮、总磷，同比无变化；氨氮超标天数同比减少 1 天，总磷超标天数同比减少 1 天。

七、评价反馈

本次任务完成后，请你参考表 7.14 小组评价表开展自评，然后交小组长评价，最后由指导教师进行评价。

表 7.14　水质评价学习情境小组评价表

序号	检查项目	评定参考标准	评价			备注
			自评	小组	教师	
1	超标指标	能正确识别超标指标				
2	超标倍数、超标天数	能正确计算超标倍数、超标天数				
3	水质评价	能正确得出水质评价结论				
4	水质同比评价	能正确得出水质同比评价结论				

 阅读材料

警示！干扰自动监测设施排放水污染物案件

2021年6月28日上午，保定市生态环境局高阳县分局通过查看智能管控监控平台的视频监控系统，发现某染织有限公司废水排放口处，有人将废水自动监测设备采样管放入一塑料桶内，并向桶内注水。保定市生态环境局高阳县分局立即组织执法人员对该公司进行现场调查。经调查证实，2021年6月27日23时20分左右，该公司正在生产，污水处理站员工担心因废水排放口出水水质不达标而受到公司处罚，擅自将自动监测采样探头放入盛有清水的塑料桶内，干扰正常采样、监测，持续时间长达10h，导致自动监测数据明显失真。

【查处情况】该公司上述行为违反了《中华人民共和国水污染防治法》第三十九条"禁止利用渗井、渗坑、裂隙、溶洞，私设暗管，篡改、伪造监测数据，或者不正常运行水污染防治设施等逃避监管的方式排放水污染物"的规定。2021年7月19日，保定市生态环境局依据《中华人民共和国水污染防治法》第八十三条第（三）项、《环境保护主管部门实施限制生产、停产整治办法》第六条第（一）项，参照《保定市生态环境局生态环境行政处罚自由裁量权裁量基准》，责令该公司停产整治，并处罚款25万元。2021年7月23日，依据《中华人民共和国环境保护法》第六十三条第（三）项、《行政主管部门移送适用行政拘留环境违法案件暂行办法》第六条第（一）项的规定，将案件移送公安机关。经公安机关进一步调查，发现该公司涉嫌污染环境罪，遂立案侦查。2022年1月28日，高阳县人民法院以污染环境罪，对高阳县宏业染织有限公司判处罚金50万元，对2名涉案人员分别判处有期徒刑六个月、七个月，并处罚金3万元、5万元。

附 录

水质自动监测站质控措施检测方法

一、氨氮、高锰酸盐指数、总磷、总氮质控措施检测方法

1. 零点核查

监测仪器测试浓度为跨度值 0～20％左右的标准溶液，计算测试结果相对无标准溶液浓度值的误差，以绝对误差（AE）表示，计算公式如下：

$$AE = x_i - c \quad \cdots\cdots\cdots\cdots\cdots\cdots\cdots\cdots\cdots (1)$$

式中　AE——绝对误差，mg/L；

x_i——仪器测定值，mg/L；

c——标准溶液浓度值，mg/L。

2. 24h 零点漂移

监测仪器采用跨度值 0～20％左右的标准溶液以 24h 为周期进行零点漂移测试，计算测试值 24h 前后的变化，计算公式如下：

$$ZD = \frac{x_i - x_{i-1}}{S} \times 100\% \quad \cdots\cdots\cdots\cdots\cdots\cdots\cdots\cdots\cdots (2)$$

式中　ZD——24h 跨度漂移；

x_i——当日仪器测定值，mg/L；

x_{i-1}——前一日仪器测定值，mg/L；

S——仪器跨度值，mg/L。

3. 跨度核查

监测仪器测试跨度值 20％～80％左右的标准溶液对水质自动分析仪进行跨度核查，计算测试结果相对于标准溶液浓度值的误差，以相对误差（RE）表示，计算公式如下：

$$RE = \frac{x_i - c}{c} \times 100\% \quad \cdots\cdots\cdots\cdots\cdots\cdots\cdots\cdots\cdots\cdots (3)$$

式中　RE——相对误差；

　　　x_i——仪器测定值，mg/L；

　　　c——标准溶液浓度值，mg/L。

4. 24h 跨度漂移

监测仪器采用跨度值 20%～80% 左右的标准溶液，以 24h 为周期进行跨度漂移测试，计算公式如下：

$$SD = \frac{x_i - x_{i-1}}{S} \times 100\% \quad \cdots\cdots\cdots\cdots\cdots\cdots\cdots\cdots\cdots\cdots (4)$$

式中　SD——24h 跨度漂移；

　　　x_i——当日仪器测定值，mg/L；

　　　x_{i-1}——前一日仪器测定值，mg/L；

　　　S——仪器跨度值，mg/L。

5. 多点线性核查

指水质自动分析仪依次测试跨度范围内四个点（含零点、低、中、高四个浓度）的标准溶液，基于最小二乘法进行线性拟合，并计算每个点测试的示值误差和拟合曲线的线性相关系数，计算公式如下：

$$r = \frac{\sum_{i=1}^{4}(C_i - \overline{C}) \times (x_i - \overline{x})}{\sqrt{\sum_{i=1}^{4}(C_i - \overline{C})^2 \times \sum_{i=1}^{4}(x_i - \overline{x})^2}} \quad \cdots\cdots\cdots\cdots\cdots (5)$$

式中　r——线性相关系数；

　　　x_i——不同浓度标准溶液仪器测定值，mg/L；

　　　$\overline{x}$——不同浓度标准溶液仪器测定值的平均值，mg/L；

　　　C_i——标准溶液浓度值，mg/L；

　　　$\overline{C}$——标准溶液浓度值平均值，mg/L。

空白样测试的示值误差以绝对误差表示，其他三个浓度标准溶液测试的示值误差以相对误差表示。

6. 加标回收率自动测定

仪器进行一次实际水样测定后，对同一样品加入一定量的标准溶液，仪器测试加标后样品，以加标前后水样的测定值变化计算回收率。

$$R = \frac{B - A}{\frac{V_1 \times C}{V_2}} \times 100\% \quad \cdots\cdots\cdots\cdots\cdots\cdots\cdots\cdots\cdots\cdots (6)$$

式中　R——加标回收率；
　　　B——加标后水样测定值，mg/L；
　　　A——样品测定值，mg/L；
　　　V_1——加标体积，mL；
　　　C——加标样浓度，mg/L；
　　　V_2——加标后水样体积，mL。

[注意] 当被测水样浓度低于分析仪器的 4 倍检出限时，加标量应为分析仪器 4 倍检出限左右浓度，否则加标量为水样浓度的 0.5～3 倍，加标量应尽量与样品待测物浓度相等或相近，加标体积不得超过样品体积的 1%；水样加标时应保证加标后的水样浓度测试时应与水样测试在同一量程。

7. 集成干预检查

系统开始采水时在采水口处人工采集水样，经预处理后取上清液摇匀直接经监测仪器测试，与系统自动监测的结果进行比对，用于检查系统集成对水样代表性的影响。

$$\mathrm{RE}_i = \frac{A_1 - A_2}{A_1 + A_2} \times 100\% \quad\cdots\cdots\cdots\cdots\cdots\cdots\cdots\cdots\cdots\cdots\cdots\cdots \text{（7）}$$

式中　RE_i——仪器相对偏差；
　　　A_1——系统自动测试结果；
　　　A_2——人工采样仪器测试结果。

8. 实际水样比对

自动监测系统采水时，在站房内人工采集源水，经预处理后取上清液送至 CMA 实验室，开展实验室手工分析，计算自动监测的结果相对于实验室手工分析结果的误差。

二、常规五参数质控措施检测方法

1. 标样核查

使用标准溶液（购买标准溶液或自行配制）对自动监测仪器进行标样核查；标样核查结果以绝对误差或相对误差表示。

2. 实际水样比对

在站房内采集源水经过认证的便携式仪器或与第三方实验室进行实际水样比对，计算自动监测的结果相对于便携式仪器或实验室测试结果的误差，以绝对误差或相对误差表示。

三、叶绿素 a 和蓝绿藻密度水质分析仪质控措施核查方法

叶绿素 a 采用浓度均匀分布跨度范围内 4 个标准溶液进行多点线性核查。当水体为

贫营养、中营养时，叶绿素 a 跨度值为中营养标准限值的 2.5 倍，富营养值跨度值为标准限值的 2.5 倍；重富营养跨度值采用上一周的水质平均值的 2.5 倍。蓝绿藻密度浓度为采用 0、25000、50000、150000cells/mL 附近的标准溶液进行多点线性核查。其中叶绿素 a 和蓝绿藻密度的标准溶液采用标准物质或等效物质配置。将测试结果与标准溶液浓度基于最小二乘法进行线性拟合，并计算每种标准溶液的示值误差和拟合曲线的线性相关系数［参考公式（5）］。

参考文献

[1] HJ 915—2017 地表水自动监测技术规范（试行）.

[2] DB44/T 1946—2016 生物毒性水质自动在线监测仪技术要求 发光细菌法.

[3] 中国环境监测总站. 水污染连续自动监测系统运行管理[M]. 北京：化学工业出版社，2008.

[4] 万本太，蒋火华. 论中国环境监测发展战略[J]. 中国环境监测，2005，21(1)：1-3.

[5] 刘青松. 环境监测[M]. 北京：中国环境科学出版社，2003.

[6] 孙海林，李巨峰，朱媛媛. 我国水质在线监测系统的发展与展望[J]. 中国环保产业，2009(03)：12-16.

[7] 沈洋洋. 我国海洋水质在线监测系统的发展与展望[J]. 仪器仪表与分析监测，2022(01)：36-40.

[8] 张江龙. 在线水质自动监测系统的基本构成和功能[J]. 厦门科技，2007(03)：54-55.

[9] 石磊. 自动监测系统在水环境监测中的应用[J]. 资源节约与环保，2021(07)：40-41.

[10] 蒋幸幸，许信. 水环境监测中水质自动监测系统的运用[J]. 中国科技信息，2020(Z1)：70-71.

[11] 刘京，周密，陈鑫，等. 国家地表水水质自动监测网建设与运行管理的探索与思考[J]. 环境监控与预警，2014，6(2)：10-13.

[12] 刘伟，黄伟，余家燕，等. 中国水质自动监测评述[J]. 环境科学与管理，2015，40(5)：131-133.

[13] 罗彬，张丹. 水质自动监测系统运行管理技术手册[M]. 成都：西南交通大学出版社，2019.

[14] 张苒，刘京，周伟，等. 水质自动监测参数的相关性分析及在水环境监测中的应用[J]. 中国环境监测，2015，4(31).

[15] 翟崇志. 地表水水质自动监测系统概论[M]. 重庆：西南师范大学出版社，2006.

[16] GB 3838—2002 地表水环境质量标准.

[17] HJ/T 96—2003 pH水质自动分析仪技术要求.

[18] HJ/T 97—2003 电导率水质自动分析仪技术要求.

[19] HJ/T 98—2003 浊度水质自动分析仪技术要求.

[20] HJ/T 99—2003 溶解氧（DO）水质自动分析仪技术要求.

[21] HJ/T 100—2003 高锰酸盐指数水质自动分析仪技术要求.

[22] HJ/T 101—2019 氨氮水质在线自动监测仪技术要求及检测方法.

[23] HJ/T 102—2003 总氮水质自动分析仪技术要求.

[24] HJ/T 103—2003 总磷水质自动分析仪技术要求.